大学物理实验教程

（一级）

方正华◎主编

中国科学技术大学出版社

内 容 简 介

《大学物理实验教程》这套教材是针对三级物理实验教学体系组织和设计的，以教育部最新制定的《理工科大学物理实验课程教学基本要求》为依据，并充分考虑不同专业对物理实验课程学习的需求编写而成。全套教材分为3册，每级实验一册。自一级实验开始，每级实验中都安排了设计性或研究性实验的内容，以使对本课程有不同需求的学习者都能一定程度上接受系统的、全面的科学实验基本训练。

本书(一级)内容分为绪论、测量误差与数据处理方法、物理实验常用仪器与基本方法、基础性实验和设计性实验5部分，共包括15个基础性实验和8个设计性实验。本书(一级)可供高等院校对基础物理实验有学习需求的各专业作为教材。

图书在版编目(CIP)数据

大学物理实验教程. 一级/方正华主编. —合肥：中国科学技术大学出版社，2010.2(2025.2重印)
ISBN 978-7-312-02675-1

Ⅰ.大… Ⅱ.方… Ⅲ.物理学—实验—高等学校—教材 Ⅳ.O4-33

中国版本图书馆(CIP)数据核字(2010)第009952号

出版 中国科学技术大学出版社
安徽省合肥市金寨路96号，230026
http://www.press.ustc.edu.cn
印刷 合肥华苑印刷包装有限公司
发行 中国科学技术大学出版社
经销 全国新华书店
开本 710mm×960mm 1/16
印张 10.75
字数 210千
版次 2010年2月第1版
印次 2025年2月第9次印刷
定价 15.00元

前　言

物理学本质上是一门实验科学，物理实验的思想、方法、仪器以及技术不仅是促进物理科学发展的重要基础，而且日益广泛地应用于科学技术各领域。大学物理实验课程是理工科院校学生接受系统科学实验基本训练的开端，它在培养学生科学实验能力和科学素养、提高理论联系实际和适应科技发展的综合应用能力等方面具有其他理论和实践类课程无法替代的作用。

为适应面向21世纪大学物理实验课程建设与改革要求，自2001年起，安徽师范大学基础物理实验中心建立了适应理工科各专业需求的三级实验教学体系，每一级实验用一学期完成，后一级实验是前一级的继续与提高。一级实验为普及性实验，适用于对物理实验有学习需求的所有专业；二级实验为提高性实验，面向理工科各专业；三级实验以综合性研究性实验为主题，面向理科物理类专业。这套三级物理实验教材以我校基础物理实验中心使用多年的实验讲义为基础，并汲取指导教师们多年来物理实验教学实践经验，以教育部最新制定的《理工科大学物理实验课程教学基本要求》为依据编写而成。

《理工科大学物理实验课程教学基本要求》中强调了设计性或研究性实验的开设。大学物理实验课程在完成一定的基础性综合性实验基础上，适当安排设计性或研究性实验，可以促使学生了解科学实验的全过程、逐步掌握科学思想和科学方法，提高培养学生独立实验的能力和运用所学知识解决给定问题的能力的效率，这已成为教育工作者的共识。本套实验教材的主要特色是充分考虑不同专业对物理实验学习的需求，全套教材共分为3册，每级实验一册。自一级实验开始，每级实验中都安排了设计性或研究性实验的内容，以使对本课程有不同需求的学习者都能一定程度上接受系统的、全面的科学实验基本训练，同时也减轻了本课程学时较少的学生的经济负担。

本书(一级)内容的组织和设计立足于实验的普及性和适用性，除绪论外分为4章。绪论简要介绍了物理实验课程的地位、作用、任务及基本程序与要求。第一章较系统地阐述了测量误差与数据处理方法的基础知识，考虑到教学需要和学生接受能力，误差分析内容与处理要求在不违背科学性的前提下有所简化。第二章介绍了物理实验常用仪器与基本方法,基于多数普通院校的现有条件和教学基本需求,实验仪器的选择与介绍仅考虑通用与普及型仪器。第三章基础性实验编入15个实验项目,第四章设计性实验编入8个实验项目。基础性实验项目突出基本物理量的测量、常用物理实验方法和技术、常用实验仪器的调节与使用等的训练,而设计性实验项目所涉及的实验方法、技术和仪器等大多与基础性实验训练内容相关联。这不仅有利于学习过渡,而且也是学习者运用所学实验知识与技能解决实际问题的很好训练。就一学期的实验教学而言,本书选择的实验项目较多,且各实验项目内容上相对独立,这有利于不同学时和不同学习需求的专业灵活选择和教学安排。部分实验项目中还提出多种实验方案或涉及较高要求的内容,以给教师和学生留有较多的选择余地。考虑到实验数据的记录与处理也是实验能力训练内容,我们注意适当引导但不包办,在部分实验中对数据的记录与处理提供示范,以便于学习参考。

本套教材的内容组织和策划由方正华负责。本书(一级实验)编写分工如下:方正华编写绪论,第一章,第二章第二节,第三章的实验一、实验三至实验十,第四章;冯霞编写第二章第一节,第三章的实验二、实验十一至实验十五;方正华并负责全书的修改加工、统稿和定稿工作。

本教材的编写得到安徽省省级教学研究项目(2007jyxm211)及安徽师范大学教材建设基金的资助,并得到安徽师范大学基础物理实验中心各位老师的大力支持,教材编写中还参考了许多兄弟院校的实验教材,在此一并表示衷心感谢。

由于编者水平有限,本教材中难免有不妥甚至错误之处,恳请读者批评指正。

编　者

2009年12月

目　　录

绪　论

一、物理实验的地位和作用

物理实验是人们根据研究目的、运用科学仪器设备，人为地控制、创造或纯化某种自然物理过程，使之按预期的进程发展，同时在尽可能减少干扰客观状态的前提下进行观测，以探究物理过程变化规律的一种科学活动。物理学是建立在实验基础上的一门科学，物理学概念的形成、规律的发现以及理论的建立，都以实验为基础，并受到实验的检验。物理学史上，实验研究在促进物理学发展上发挥巨大作用的事例不胜枚举，可以说，没有物理实验的重大突破，就没有物理学的发展。当代获得诺贝尔物理学奖成果的均是物理学中划时代的里程碑级的重大发现和发明，据统计，1901 年以来，因物理科学实验重大研究成果而得诺贝尔奖的人数超过物理学得奖人数的三分之二，这也体现了物理科学实验研究在物理学发展中的极其重要的作用。

物理实验思想、方法、技术和装置研究的进步不仅促进了物理学的发展，它也常常成为自然科学研究和工程技术发展的生长点。现代许多高新技术如激光、半导体、电子技术……无不源于物理实验研究的重大进展，而高新技术的发展，又不断推动着实验物理研究的手段、方法和装备的进步，大大改变着人类对物质世界认识的深度和广度。

大学物理实验课程是理工科院校学生接受系统科学实验基本训练的开端，它在培养学生科学实验能力和科学素养、提高理论联系实际和适应科技发展的综合应用能力等方面具有其他理论和实践类课程不可替代的作用。

二、物理实验课程的目的与任务

大学物理实验课程是理工科大多数专业学生必修的一门独立的基础实验课程，它不仅仅使学生受到系统的实验方法和实验技能的训练，也为后续专业实验课

的学习打下良好的基础。本课程主要目的和任务如下:

① 通过物理实验现象的观察分析和对物理量的测量,使学生在学习物理实验基础知识的同时,在实验基本方法和基本技能等方面受到严格系统的训练,进一步加深学生对物理学基本概念和基本规律的理解与掌握,提高学生的科学实验基本素质,使学生初步掌握实验科学的思想和方法。

② 培养与提高学生的科学实验能力,包括实验教材和相关文献资料的阅读,常用实验设备、仪器的安装、调整和使用,实验方法和步骤的合理安排与设计,实验数据的处理与分析,实验结果的分析与总结等,逐步提高学生综合运用所学知识和技能解决实际问题的能力和创新能力。

③ 培养与提高学生的科学实验素质,要求学生具有理论联系实际和实事求是的科学作风、认真严谨的科学态度和积极主动的探索精神,遵守纪律、团结协作和爱护公共财物的优良品德。

三、物理实验课程的基本程序和要求

物理实验课程一般按实验项目组织,其基本程序和要求可分为 3 个阶段:

1. 实验课前的预习

由于实验课的时间有限,而熟悉实验设备和仪器并完成实验现象的观察和数据的测量的任务一般都比较重。如果学生在实验课时才开始研究实验的原理,机械地按照教材指定的步骤进行操作,这将导致实验进程缓慢、迟延,甚至不能完成规定的实验内容,即使勉强完成了规定的实验内容,由于挤占了动手能力的训练和实验现象观察和分析的有效时间而不能高质量地完成实验课的任务。因此,实验课开始前的预习是必不可少的。

预习时,通过认真阅读实验教材和有关参考资料,充分了解实验的目的、原理和测量方法及实验所要使用的仪器,明确实验步骤和注意事项等。

预习要求写好预习报告,其内容一般应包括:①实验名称;②实验目的;③实验原理;④列出实验数据记录表格。其中,实验名称和目的应与教材一致;关于实验原理,要求在理解的基础上,简明扼要地说明实验依据(切忌按教材整篇照抄),并列出实验所要用的主要公式,画出与实验有关的原理图,如必要的电路图或光路图或实验装置示意图等;实验数据记录表格根据测量方法和步骤自行设计。前三项可统一写在实验报告纸上,而数据记录表格应画在自己的原始数据记录纸上。

2. 进行实验

实验开始前,实验指导教师先对实验作简单扼要介绍,重点指出实验操作与仪器使用要求和注意事项。学生应根据指导教师的讲解,对照教材或有关说明资料熟悉实验仪器，了解仪器的工作原理和方法，将实验仪器设备安装调整好。例如：调节气垫导轨达到水平；调节光具座上各光学元件处于等轴同高；电磁学实验中元器件的电路连接与调节等。

调试准备就绪后，开始进行测量。测量的原始数据要整齐有序地记录在实验数据表格中，所记的数据应根据所用器材决定其有效数字位数，并一定要标明单位。注意不得任意涂改实验数据，即使对错误的数据进行删改时，也应注明删改的理由。此外，当实验结果与环境条件，如温度、气压等有关时，也应及时记下。完成所有测量后，记录的数据要经指导教师审阅签字。发现错误数据时，应认真分析产生原因，必要时应重新进行测量。

3. 写实验报告

实验报告是实验工作的总结，学会编写规范的实验报告是培养实验能力的一个重要环节。实验报告要求用简明的形式将实验结果完整而又真实地表达出来，并且要求文字通顺，字迹端正，图表规范，结果正确，讨论认真。实验报告要求课后独立完成，用学校统一印制的“实验报告纸”书写。

完整的实验报告通常包括：

①实验名称；②实验目的；③实验原理；④实验仪器；⑤实验步骤；⑥实验数据的记录与处理；⑦误差分析；⑧实验结果；⑨问题讨论。

上述实验报告前3个部分应在预习时作为预习报告完成。由于实验室提供的实验仪器可能与教材不一致，相应地，实验步骤也可能有所变化，故④、⑤部分应根据实验实际，记录所使用仪器的主要信息（名称、型号和规格等）以及具体实验步骤。实验数据的记录与处理部分，应有完整、翔实的原始实验数据（尽可能以表格形式列出），根据实验原理进行有关计算或作图表示。实验报告要能反映完整的数据处理过程，如利用公式计算时，应给出公式、代入数据并给出计算结果（中间计算过程可略）。误差分析中根据误差理论，对各测量结果进行不确定度评定，以确定实验结果的误差范围，这是一项很有意义的工作，在精确测量中判定实验结果的误差范围与获得实验结果具有同等的重要性。实验结果的表达一般包括结果的测量值$\overline{A}$，对绝对误差的估计ΔA和对相对误差的估计E_{r}，综合起来可写为：

$$A = \overline{A} \pm \Delta A(\text{单位})$$

$$E_{\mathrm{r}} = \frac{\Delta A}{\overline{A}} \times 100\%$$

实验结果应注意有效数字和单位的正确表示。注意，实验报告一定要给出实验结果，没有实验结果的报告是无意义的。问题讨论可涉及多方面内容，如讨论实验中观察到的异常现象及其可能的解释；分析实验误差的主要来源及减少误差的可能措施；对实验仪器的选择和实验方法的评价与改进建议以及实验的心得体会等。以上诸内容可酌情灵活选择，一般不做统一要求。

实验完成后,应按期提交一份认真完成且内容完整、格式规范的实验报告。

四、物理实验室守则

为培养学生严肃认真的工作作风和良好的实验习惯,为保证实验正常进行,每个实验室都制定有实验室规则。其中特别应注意的是:

① 实验应按实验分组安排表在规定时间内进行,不得任意调换实验项目,不得无故缺席或迟到。

② 进入实验室应签到,并接受教师对预习报告的检查。

③ 开始实验时,应根据实验仪器配置安排核对自己使用的仪器是否有缺少或损坏,如有,应及时报告。

④ 实验操作时,应按照实验步骤安排进行,注意严格遵守各种仪器设备的操作规则与注意事项。对电学实验,线路接好后,应先经教师或实验室工作人员检查,许可后方可接通电源。

⑤ 实验过程中仪器如出现故障或损坏,应及时报告教师或实验室工作人员,仪器损坏的要说明原因,并按学校有关规定处理。

⑥ 实验完毕前应将实验数据交给教师检查,实验合格者指导教师予以签字通过(该签字通过的原始实验数据随实验报告一并提交),实验不合格或数据有错误的必要时应补做。

⑦ 注意保持实验室环境卫生,禁止大声喧哗,禁止吸烟、吐痰、乱扔杂物。实验完毕,应将仪器整理还原,并由值日生做好实验室的清洁卫生。

第一章 测量误差与数据处理方法

第一节 测量与误差的基本概念

一、测量与测量仪器

进行物理实验时,除要定性地观察物理变化过程外,还需要定量确定某些物理量的量值,为确定被测物理量的量值所实施的操作即为测量。

测量仪器指用以直接或间接测出被测对象量值的所有器具。如游标卡尺、天平、电流表等。

测量分直接测量和间接测量两种。直接测量是指被测量与仪器直接比较得到测量结果的操作。如用米尺测物体的长度,用天平测物体的质量等均为直接测量。由直接测量给出的物理量称为直接测量量。间接测量是指借助已知函数关系由一个或多个直接测量结果计算出被测量的操作。如直接测出单摆的长度 l 和周期 T 后,利用公式 $g=4\pi^2 l/T^2$ 算出重力加速度 g 的量值即为间接测量。由间接测量给出的物理量称为间接测量量,如这里的重力加速度。

测量是以仪器为标准进行的比较,当然要求仪器准确。不过由于测量的目的不同对仪器准确程度的要求也不同,实验时应视被测对象的特点及测量准确度的要求恰当选择仪器。通常在满足测量要求的条件下,尽量选用准确程度低的仪器。因为准确程度越高的仪器,往往操作也越复杂,造价也越高。所以在实验允许情况下选用准确程度低的仪器,不仅简化了测量过程,而且由于减少了准确程度高的仪器的使用次数,降低了不必要的使用损耗,延长了这些贵重仪器的使用寿命。

二、误差

任何一个待测的物理量客观上在一定条件下都有确定的量值即其真值。测量的目的就是力图得到被测量的真值。但是,由于多种因素的限制,得到的测量值和真值将不可避免地存在或多或少的差异。我们以最简单的用米尺测一根金属棒长度为例,如棒的一端与米尺零刻度线对齐时,另一端落在2.1 cm至2.2 cm刻度线之间,则不同的人可能读出不同的数值,如2.13 cm、2.14 cm、2.15 cm等。这几个数字的最后一位均是估计出来的,称为存疑数字。实际上我们很难判断哪个读数更准,因而也无法确定该金属棒长度的真值。另外,任何仪器本身的准确程度也是有一定限度的,它的示值也不是绝对准确的,这同样限制了测量值的准确性。

由上可知,测量值总是真值的近似值。而测量值与真值之差称为绝对误差(常简称误差)。设被测量真值为 a,测量值为 x,则误差 ε 为

$$\varepsilon = x - a \tag{1.1.1}$$

误差 ε 是一代数值,当 $x \geqslant a$ 时,$\varepsilon \geqslant 0$;$x < a$ 时,$\varepsilon < 0$。由于真值不能确知①,故测量值及其误差也不能确切知道。在此情况下,测量的任务是:

① 设法将测量值的误差减至允许范围内。

② 给出被测量真值的最佳估计值。

③ 给出真值最佳估计值的可靠程度的估计。

为此,必须研究误差的来源和性质以及减小误差的可能措施。

根据误差的产生原因和性质,一般可将误差分为系统误差和随机误差两类。

1. 系统误差

在一定的实验条件下,对同一物理量多次测量时,误差的绝对值和符号总保持不变或总按某一特定规律变化,这类误差称系统误差。

产生系统误差的原因有以下几方面:

(1) 仪器因素

仪器本身有缺陷,如刻度不准确,零点未校准,仪器未按要求调到最佳状态等。

(2) 理论与方法因素

理论与方法上不完善,如单摆测重力加速度周期公式 $T=2\pi\sqrt{l/g}$ 理论上取 $\sin\theta=\theta$(θ 为摆角),并且不计空气阻力和摆球所受空气浮力等。

(3) 环境因素

温度、湿度、电磁场、光照等环境条件的影响,如金属尺热胀冷缩、标准电池的电动势随温度发生变化等。

(4) 人员因素

测量者感官的偏向或操作习惯的影响,如有人读数总是偏低,而有人读数总是

---

①这里的真值不包括约定真值。对某些特定量,国际人为协议规定值称约定真值,如真空磁导率 $\mu_0=4\pi\times10^{7}\ \mathrm{H\cdot m^{-1}}$,质量国际千克基准规定为1 kg,三角形内角和为180°等。

偏高。

实际实验中，应根据系统误差的可能来源作具体分析，设法找到引起系统误差的原因，必要时可通过改变实验条件和测量方法，反复进行对比以确定系统误差。在得知系统误差的具体产生原因后，则可采取相应措施去减小或消除系统误差。如由于天平不等臂所引入的质量测量的系统误差，就可利用在天平左、右两盘上各称一次的方法来消除。对无法消除的系统误差，如能确定其量值，可在测量结果中予以修正；如不能确定其量值，则只能估计其取值范围。

系统误差的发现、减小或消除是需要通过具体的实验训练逐步培养的一种重要的实验能力。

2. 随机误差

在相同的实验条件下，即使消除或修正了系统误差，对同一物理量的多次测量结果仍会出现一些无规律的起伏，也就是误差的绝对值大小和符号随机变化，不可预测。这类误差称为随机误差（也常称偶然误差）。

随机误差是多项偶然因素（诸如测量者的观测能力因人因时而异，实验环境及测量过程中不可预测的随机因素的影响等）的综合作用结果。

虽然随机误差就测量值个体而言是不确定的，但在相同的条件下，对同一物理量测量次数足够多时，实践和理论都表明随机误差服从一定的统计规律（正态分布）。其特点是：①对称性：绝对值相等的正负误差出现的机会相同；②单峰性：绝对值小的误差较绝对值大的误差出现的机会多些；③有界性：一定的测量条件下，误差的绝对值不会超过一定界限；④抵偿性：在一定的测量条件下，随机误差的算术平均值随测量次数的增加而越来越趋于零。因此，增加测量次数，可以减少随机误差。显然，若测量误差只有随机误差分量，则随测量次数的增加，测量列的算术平均值越来越趋近真值。

当测量次数 $n \to \infty$ 时，随机误差 ε 的正态分布曲线如图 1.1.1 所示，该曲线在数学上用下述正态分布概率密度函数表示：

$$f(\varepsilon) = \frac{1}{\sigma\sqrt{2\pi}}\exp\left(-\frac{\varepsilon^2}{2\sigma^2}\right) \tag{1.1.2}$$

式中，σ 称标准误差，它是与被测量真值有关的常数，其数学表达式为

$$\sigma = \lim_{n \to \infty}\sqrt{\frac{1}{n}\sum_{i=1}^{n}\varepsilon_i^2} \tag{1.1.3}$$

根据概率理论，$f(\varepsilon)$曲线与横坐标轴包围的面积代表全部随机误差出现的概率，因此有

$$p = \int_{-\infty}^{\infty} f(\varepsilon)\,\mathrm{d}\varepsilon \equiv 1 \tag{1.1.4}$$

即随机误差 ε 取值落在$(-\infty,\infty)$范围内的可能性为 100%。由式(1.1.2)知，误差

$\varepsilon=0$时,有

$$f(0)=\frac{1}{\sigma\sqrt{2\pi}}$$

则σ值越小,$f(0)$的值越大。由于曲线与横坐标轴包围的面积恒为1,故峰值越高(σ值越小)的正态分布曲线两侧下降越快(图1.1.2),这意味着小误差出现的概率越大,测量值越集中于真值附近;反之,如σ值较大,则正态分布曲线较平缓,大误差出现的概率较大,测量值的离散性较大。因此,σ值的大小反映测量值相对真值的分散程度。

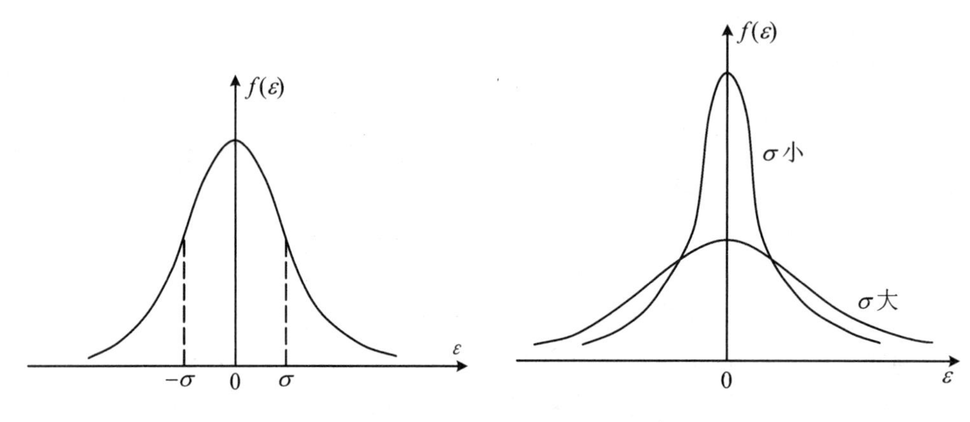

图1.1.1 正态分布曲线图

图1.1.2 正态分布曲线与σ联系

改变式(1.1.4)中积分上下限可得到随机误差ε取值落在指定置信区间内的概率。例如

$$P_1=\int_{-\sigma}^{\sigma}f(\varepsilon)\mathrm{d}\varepsilon=0.683=68.3\% \tag{1.1.5}$$

$$P_2=\int_{-2\sigma}^{2\sigma}f(\varepsilon)\mathrm{d}\varepsilon=0.954=95.4\% \tag{1.1.6}$$

$$P_3=\int_{-3\sigma}^{3\sigma}f(\varepsilon)\mathrm{d}\varepsilon=0.997=99.7\% \tag{1.1.7}$$

这表明随机误差ε取值落在置信区间$[-\sigma,\sigma]$、$[-2\sigma,2\sigma]$、$[-3\sigma,3\sigma]$内的概率分别为68.3%、95.4%和99.7%。

另外,由于测量者的过失,如实验方法不合理、仪器使用方法不正确,操作不当,读错、记错数据等引起的误差称过失误差,它不属于测量误差。只要测量者采取严肃认真的态度,过失误差是可以避免的。

第二节　测量结果及其不确定度估计

一、测量结果的最佳估计值

因测量不可避免地存在随机误差，同一物理量各次测量值存在差异，所以必须弄清如何确定被测量真值的最佳估计值。

设对某一物理量 n 次测量的值为 $X_1,X_2,\cdots,X_n$，该物理量的真值为 a，则各测量值的误差为

$$\varepsilon_1 = X_1 - a,\ \varepsilon_2 = X_2 - a,\ \cdots,\ \varepsilon_n = X_n - a \tag{1.2.1}$$

则由上述诸式可得：

$$\frac{1}{n}\sum_{i=1}^{n} X_i - a = \overline{X} - a = \frac{1}{n}\sum_{i=1}^{n}\varepsilon_i \tag{1.2.2}$$

式(1.2.2)表示以算术平均值 $\overline{X}$ 近似真值的误差，等于各测量值误差的平均。假如各测量值的误差只是随机误差，由前述随机误差的正态分布特点可知，因随机误差有正有负，相加时有抵消作用，故 n 越大，算术平均值越接近真值，即在一定的测量条件下，误差的算术平均值随测量次数的增加而趋于零：

$$\lim_{n\to\infty}\frac{1}{n}\sum_{i=1}^{n}\varepsilon_i = 0$$

因此，适当增加测量次数，用算术平均值作为被测量真值的最佳估计值，尽管不能完全消除随机误差，但可减小随机误差。应该指出，如果各测量值的误差中包含有已知的系统误差，则相加时它们不能抵消，这时应当用算术平均值加上修正值为被测量真值的最佳估计值(修正值与系统误差绝对值相等，符号相反)。

二、多次测量的随机误差估计

在相同实验条件下对同一物理量进行 n 次测量(也称等精度测量)后，可用算术平均值作为被测量真值的最佳估计值。由于被测量真值未知，且实际测量次数 n 很有限，故不能直接由式(1.1.3)计算标准误差。实用中在诸测量值的误差只为随机误差时，常用标准偏差来近似表示标准误差 σ。

设一组测量值的个数为 n，则这组测量列的标准偏差 S 定义(贝塞尔公式)为

$$S=\sqrt{\frac{\sum_{i=1}^{n}(X_i-\overline{X})^2}{n-1}} \tag{1.2.3}$$

S 的大小反映了这一组测量值相对算术平均值 $\overline{X}$ 分散性大小。根据式(1.1.5)~(1.1.7),也可认为:一组测量列中任一测量值落在$(\overline{X}-S,\overline{X}+S)$区间内的可能性为 68.3%,在$(\overline{X}-2S,\overline{X}+2S)$区间内的可能性为 95.5%,而在$(\overline{X}-3S,\overline{X}+3S)$区间内的可能性为 99.7%。

根据误差理论,当测量次数 $n\to\infty$时,随机误差服从正态分布。由于实际测量次数 n 很有限,使测量列的随机误差分布明显偏离正态分布(称 t 分布),导致式(1.2.3)给出的误差估计值偏小,因此应乘以一大于 1 的修正因子 t_P。t_P因子的值与测量次数 n 和置信概率 P 有关,表 1.2.1 给出常用置信概率 P 下,t_P 与测量次数 n 的对应关系。

表 1.2.1 t_P因子值

P \ n	2	3	4	5	6	7	8	9	10	20	∞
0.683	1.84	1.32	1.20	1.14	1.11	1.09	1.08	1.07	1.06	1.03	1.00
0.95	12.71	4.30	3.18	2.78	2.57	2.45	2.36	2.31	2.26	2.09	1.96
0.99	63.66	9.92	5.84	4.60	4.03	3.71	3.50	3.36	3.26	2.86	2.58

本书通常取置信概率 $P=0.683$,由表 1.2.1 可见,t_P因子的值随测量次数n 的增加而趋于 1,当 $n>6$ 后,t_P的值近于 1,故在测量要求不高时,也可不作 t 分布修正。

根据误差理论还可以证明:采用算术平均值作为真值的最佳估计值时,其标准偏差 $S(\overline{X})$为

$$S(\overline{X})=\frac{S}{\sqrt{n}}=\sqrt{\frac{\sum_{i=1}^{n}(X_i-\overline{X})^2}{n(n-1)}} \tag{1.2.4}$$

$S(\overline{X})$的大小反映了算术平均值相对真值的分散性大小,$S(\overline{X})$越小,用 $\overline{X}$ 作为真值的估计值就越可靠。由上式可见,随着测量次数 n 的增加,$S(\overline{X})$将减小,这表明增加测量次数可以减少随机误差。但测量次数也不是越多越好,分析表明,当 $n>10$后,$S(\overline{X})$随 n 的增加缓慢减小,而且,测量误差还包含与测量次数 n 无关的系统误差,增加 n 还会延长测量时间,可能导致实验环境的不稳定及实验者的疲劳,这将引入新的误差。因此,实际测量中一般取 6~10 次为宜。

三、异常数据的剔除

在一列测量值中有时可能会含有偏差较大的异常数据，应将其剔除不用。对异常数据的判定有多种方法，下面介绍常用的两种准则。

1. 拉依达准则

前面指出，测量值落在($\overline{X}-3S,\overline{X}+3S$)区间内的可能性为99.7%，这表示测量值的偏差超过3倍标准偏差的可能性已小于1%。根据拉依达准则可以认为偏差超过$3S$的测量值是异常数据，应当剔除。因此，根据被测量的多次测量值算出标准偏差S后，分别检查这组测量值中各测量值的偏差：

$$\Delta X_i = X_i - \overline{X}$$

将$|\Delta X_i|>3S$的视作异常数据，予以剔除，然后，对余下的测量值重新计算标准偏差，并继续审查，直至各测量值偏差的绝对值均小于$3S$为止。但可以证明，**该方法只适用于测量值数目n较大情形，至少n不小于10。**

2. 格拉布斯(Grubbs)准则

按照格拉布斯准则，如已知测量数据个数n、算术平均值$\overline{X}$及测量值标准偏差S，则可保留的测量值X_i的范围为($\overline{X}-G_nS$)$\leqslant X_i \leqslant$($\overline{X}+G_nS$)，其中，G_n是与n及置信概率P有关的系数，参见表1.2.2。

表1.2.2 格拉布斯系数G_n的值

n	3	4	5	6	7	8	9	10	15	20
P=0.95	1.15	1.46	1.67	1.82	1.94	2.03	2.11	2.18	2.41	2.56
P=0.99	1.16	1.49	1.75	1.94	2.10	2.22	2.32	2.41	2.71	2.88

四、测量结果的不确定度估计

由前面所述，我们知道真值是无法通过实验测出的，实验所能给出的是被测量的近似值。因此，在给出被测量的测量值的同时，还应对测量值的可靠程度给出评价，这一评价是衡量测量质量的指标。目前常用不确定度对测量结果的可靠性作出评价。

不确定度是指测量值附近的一个范围。因测量值不等于真值，可以设想真值就在测量值附近一定范围内，而测量不确定度就是对此范围大小的一个估计。设测量值为X，其测量不确定度为u，则意味着真值以一定的置信概率P落在量值范围($X-u,X+u$)之中，显然u越小，也即此量值范围越窄，则用测量值表示真值的可靠性就越高,也即测量质量越好。

【小资料】

1980 年国际计量局提出关于表述实验不确定度的建议书,并在 1981 年第 17 届国际计量大会上通过,1993 年国际计量局等七个国际组织联合发布了《测量不确定度表示指南》,为规范各计量领域中不确定度的计算和表达奠定了基础。我国计量科学院在 1986 年发出用不确定度来评价测量结果的通知,国家质量技术监督局则决定于 1992 年 10 月 1 日正式开始采用不确定度来进行误差的评定工作。

1. 标准不确定度的分类及合成

对测量不确定度的评定,常用估计标准偏差来表示,这时称其为标准不确定度。

标准不确定度又分为 A、B 两类分量。标准不确定度 A 类分量是采用统计方法对随机因素对测量值影响大小的评价,其量值 u_A 就取为被测量平均值 $\overline{X}$ 的标准偏差,在有限次测量时表示为

$$u_A(\overline{X}) = S(\overline{X}) \tag{1.2.5a}$$

式中,$S(\overline{X})$ 由式(1.2.4)计算。测量要求较高时,需作 t 分布修正,即取

$$u_A(\overline{X}) = t_P S(\overline{X}) \tag{1.2.5b}$$

标准不确定度 B 类分量是对非统计方法处理的误差因素对测量值影响大小的评价。例如,测量仪器不准确,实验方法的不完善等因素使测量值向某一方向有恒定的偏离,这时只能用非统计方法评定其不确定度,即给出不确定度的 B 类分量。为简化起见,本书主要讨论测量仪器不准确导致的 B 类分量。仪器不准确程度一般用仪器极限误差(或容许误差或示值误差)$\Delta_{仪}$ 表示,可依据仪器说明书或准确度等级、仪器分度值等确定(常用仪器的 $\Delta_{仪}$ 见本节附录)。

仪器误差一般可视为均匀分布,即认为在$(-\Delta_{仪},\Delta_{仪})$范围内误差出现的机会是均等的。根据误差理论,可求得均匀分布的标准偏差为 $\Delta_{仪}/\sqrt{3}$,所以可取标准不确定度的 B 类分量为:

$$u_B(X) = \frac{\Delta_{仪}}{\sqrt{3}} \tag{1.2.6}$$

如标准不确定度 B 类分量来源有 k 项,则可取 $u_B(X)$ 为各来源引起的不确定度的方和根,即

$$u_B(X) = \sqrt{\sum_{i=1}^{k} u_{Bi}^2(X)} \tag{1.2.7}$$

当被测量 X 的两类不确定度分量都存在时,则总的不确定度(也称合成不确定度)为它们的方和根合成,即

$$u(X) = \sqrt{u_A^2(\overline{X}) + u_B^2(X)} \tag{1.2.8}$$

式(1.2.8)给出的标准不确定度对应置信概率68.3%，如需要采用较高的置信概率，则需乘以一个包含因子 k 来求扩展不确定度。对应置信概率95%和99%，可分别取 k 近似2和3。本书除特别说明外，置信概率均取68.3%。

2. 测量结果的报道

无论是直接测量还是间接测量，其测量结果都应既给出被测量 N 的测量值(最佳估计值)$\overline{N}$，也给出测量值的不确定度 $u(N)$。其标准报道形式为

$$N = \overline{N} \pm u(N)(\text{单位}) \quad (P = \cdots) \tag{1.2.9}$$

式(1.2.9)中的标准不确定度 $u(N)$ 与被测量有相同的单位，它是对误差范围大小的直接估计也称为绝对误差。为更全面地评定测量质量，还可引入相对不确定度(相对误差)u_r，定义

$$\text{相对误差} = \frac{\text{绝对误差}}{\text{测量值}}$$

即

$$u_r = \frac{u(N)}{\overline{N}} \times 100\% \tag{1.2.10}$$

则测量结果也可表示为：

$$N = \overline{N}(1 + u_r) \tag{1.2.11}$$

另外，当被测量有约定真值(公认值或理论值)$N_{理}$时，为衡量测量结果的优劣，也可将测量值与 $N_{理}$ 进行比较，得到测量结果相对公认值或理论值的误差 E_r，也可简称相对误差，即：

$$E_r = \frac{|\overline{N} - N_{理}|}{N_{理}} \times 100\% \tag{1.2.12}$$

测量后，通常应计算不确定度，如由于条件限制，不便于全面计算不确定度时，对随机误差为主的测量情况，可只计算A类标准不确定度作为总的不确定度，而对系统误差为主的测量情况，则可只计算B类标准不确定度为总的不确定度。计算B类不确定度时，如果所用仪器的误差没有给定，可简单地取 $\Delta_{仪}$ 为仪器的分度值。

3. 直接测量量的标准不确定度

设直接测量量 X 重复测量了 n 次，则其标准不确定度评定步骤为：

① 修正测量数据中的可定系统误差。

② 计算测量列的算术平均值 $\overline{X}$。

③ 计算测量列的标准差 S(式1.2.3)。

④ 审查各测量值，如有异常数据则予以剔除，再重复步骤②、③。

⑤ 计算不确定度的A类分量 $u_A(\overline{X})$。

⑥ 计算不确定度的B类分量 $u_B(X)$。

⑦ 计算总不确定度 $u(X)$。

如果实验条件限制,或对被测量 X 的测量准确度要求不高,对 X 的直接测量只进行了一次。此时,不存在标准不确定度的A类分量,但除了仪器误差 $\Delta_{仪}$ 外,对非数字式仪器还应考虑读数误差,读数误差一般可取为仪器分度值的1/5或1/2,读数误差 $\Delta_{读}$ 在视为均匀分布时,其标准偏差为 $\Delta_{读}/\sqrt{3}$。因此,单次测量的标准不确定度可取为

$$u(X) = u_B(X) = \sqrt{\frac{\Delta_{读}^2}{3} + \frac{\Delta_{仪}^2}{3}} \tag{1.2.13}$$

如读数误差较小(小于仪器误差的1/3),可只考虑仪器误差。

4. 间接测量的标准不确定度

物理实验中大部分物理量都需由间接计算得到,即在直接测量的基础上,通过一定的函数运算得到被测量的值。设间接测量量 N 是诸直接测量量 $x,y,z,\cdots$ 的函数,即可表示为

$$N = f(x,\ y,\ z,\cdots) \tag{1.2.14}$$

则取诸直接测量量的测量值 $\overline{x},\overline{y},\overline{z},\cdots$ 代入上式,可得到 N 的最佳测量值 $\overline{N}$:

$$\overline{N} = f(\overline{x},\overline{y},\overline{z},\ \cdots) \tag{1.2.15}$$

由于各直接测量量都带有一定的不确定度,它们的不确定度必然通过函数关系式(1.2.14)传递给间接测量量 N。

因误差是一个微小量,故可利用微分手段来研究不确定度传递关系。对式(1.2.14)微分可得

$$\mathrm{d}N = \frac{\partial f}{\partial x}\mathrm{d}x + \frac{\partial f}{\partial y}\mathrm{d}y + \frac{\partial f}{\partial z}\mathrm{d}z + \cdots \tag{1.2.16}$$

或先对式(1.2.14)两边取自然对数后再求微分得

$$\frac{\mathrm{d}N}{N} = \frac{\partial \ln f}{\partial x}\mathrm{d}x + \frac{\partial \ln f}{\partial y}\mathrm{d}y + \frac{\partial \ln f}{\partial z}\mathrm{d}z + \cdots \tag{1.2.17}$$

上述两式为误差传递基本公式。

根据不确定度理论,式(1.2.16)和(1.2.17)中的 $\mathrm{d}N$ 对应 N 的不确定度 $u(N)$,而 $\mathrm{d}x$、$\mathrm{d}y$、$\mathrm{d}z$ 则分别对应 $u(x)$、$u(y)$ 和 $u(z)$,各直接测量量前面的系数 $\partial f/\partial x,\partial f/\partial y,\cdots$ 及 $\partial \ln f/\partial x,\partial \ln f/\partial y,\cdots$ 称为不确定度传递系数。考虑到不确定度的统计性质,当诸直接测量量 $x,y,z,\cdots$ 相互独立时,间接测量量 N 的标准不确定度合成采用"方和根"形式,即:

$$u(N) = \sqrt{\left(\frac{\partial f}{\partial x}u(x)\right)^2 + \left(\frac{\partial f}{\partial y}u(y)\right)^2 + \left(\frac{\partial f}{\partial z}u(z)\right)^2 + \cdots} \tag{1.2.18}$$

或

$$u_r = \frac{u(N)}{N} = \sqrt{\left(\frac{\partial \ln f}{\partial x}u(x)\right)^2 + \left(\frac{\partial \ln f}{\partial y}u(y)\right)^2 + \left(\frac{\partial \ln f}{\partial z}u(z)\right)^2 + \cdots} \quad (1.2.19)$$

上述两式为不确定度传递(合成)公式。对于以加减运算为主的函数,直接用式(1.2.18)求不确定度较简便;而对以乘除运算为主的函数,则先由式(1.2.19)求出相对不确定度 u_r,再用 $u(N)=\overline{N}\cdot u_r$ 求不确定度较简便。表 1.2.3 给出一些常用函数形式的不确定度传递合成公式。

表 1.2.3　常用函数的不确定度传递公式

函数形式	不确定度传递公式
$N=x\pm y$	$u(N)=\sqrt{u^2(x)+u^2(y)}$
$N=xy$ 或 $N=\frac{x}{y}$	$\frac{u(N)}{N}=\sqrt{\left(\frac{u(x)}{x}\right)^2+\left(\frac{u(y)}{y}\right)^2}$
$N=\frac{x^a y^b}{z^c}$(a,b,c 均为常数)	$\frac{u(N)}{N}=\sqrt{a^2\left(\frac{u(x)}{x}\right)^2+b^2\left(\frac{u(y)}{y}\right)^2+c^2\left(\frac{u(z)}{z}\right)^2}$
$N=ax$	$u(N)=au(x)$, $\frac{u(N)}{N}=\frac{u(x)}{x}$

例 1.2.1　用测量范围为 0～100 mm 的 1 级千分尺测量一金属球的直径 8 次,修正了零点误差之后的测得值(单位: mm)为

2.251　2.258　2.249　2.256　2.248　2.254　2.252　2.255

求测量结果。

解　直径的最佳估计值为

$$\overline{D} = \frac{1}{8}\sum_{i=1}^{8} D_i = 2.253\ \text{mm}$$

标准偏差为

$$S(D) = \sqrt{\frac{1}{8-1}\sum_{i=1}^{8}(D_i-\overline{D})^2} = 0.003\,9\ \text{mm}$$

按照格拉布斯准则,取置信概率 $P=0.99$,因 $n=8$,则由表 1.2.2 知 $G_n=2.22$,算得合理值在(2.244, 2.262) mm 范围内,故上述测量值无异常数据。

不确定度 A 类分量(忽略 t 分布修正)

$$u_A(\overline{D}) = S(\overline{D}) = \frac{S(D)}{\sqrt{n}} = 0.001\,4\ \text{mm}$$

1 级千分尺示值极限误差 $\Delta_{仪}=0.004$ mm, 则 B 分量为

$$u_B(D) = \frac{\Delta_{仪}}{\sqrt{3}} = 0.002\,3\ \text{mm}$$

合成不确定度为

$$u(D)=\sqrt{u_A^2(\overline{D})+u_B^2(D)}=0.0027\ \text{mm}$$

测量结果为

$$D=(2.253\pm0.003)\ \text{mm}\quad (P=0.683)$$

例 1.2.2 根据单摆周期公式 $T=2\pi\sqrt{l/g}$ 可得用单摆测重力加速度 g 的关系式

$$g=\frac{4\pi^2n^2l}{t^2}$$

式中 l 为摆长,t 为摆动 n 次的时间。测量数据记录为:摆线长 0.885 2 m(钢卷尺测 1 次);摆球直径 1.266 cm(游标卡尺测 1 次);摆动 50 次时间 t(s):94.89,94.68,94.78,94.98。求重力加速度测量结果。

解:

$$l=0.8852\ \text{m}+\frac{0.01266\text{m}}{2}=0.8915\ \text{m}$$

$$\overline{t}=94.833\ \text{s}$$

$$S(t)=0.131\ \text{s}$$

$$S(\overline{t})=0.066\ \text{s}$$

根据格拉布斯准则,t 可保留的测量值范围为[94.642,95.024]s,故 t 的各测量值均可保留。

① l 的标准不确定度 $u(l)$

来源于钢卷尺

$$\Delta_1=0.5\ \text{mm},\quad u_{B1}(l)=\frac{0.5}{\sqrt{3}}\text{mm}=0.29\ \text{mm}$$

来源于目测

$$\Delta_2=0.5\ \text{mm},\quad u_{B2}(l)=\frac{0.5}{\sqrt{3}}\text{mm}=0.29\ \text{mm}$$

来源于游标卡尺

$$\Delta_3=0.02\ \text{mm}\ll\Delta_1\text{,可忽略}$$

单次测量,无 $u_A(l)$。

故

$$u(l)=\sqrt{u_{B_1}^2(l)+u_{B_2}^2(l)}=\sqrt{(0.29)^2+(0.29)^2}=0.41\ \text{mm}$$

② t 的标准不确定度,因只测 4 组数据,考虑 t 分布修正

$$u_A(t)=t_PS(\overline{t})=1.2\times0.066\ \text{s}=0.080\ \text{s}$$

秒表引入

$$\Delta = 0.3\ \text{s},\quad u_B(t) = \frac{0.3}{\sqrt{3}}\ \text{s} = 0.17\ \text{s}$$

故

$$u(t) = \sqrt{(0.080)^2 + (0.17)^2}\ \text{s} = 0.19\ \text{s}$$

③ g 的标准不确定度

$$\frac{u(g)}{g} = \left\{\left[\frac{u(l)}{l}\right]^2 + \left[\frac{2u(t)}{t}\right]^2\right\}^{\frac{1}{2}}$$

将

$$\bar{g} = \frac{4\pi^2 n^2 l}{\bar{t}^2} = 9.783\,7\ \text{m} \cdot \text{s}^{-2}$$

及 l、$\bar{t}$ 代入上式，可得

$$u(g) = 0.04\ \text{m} \cdot \text{s}^{-2}$$

则测量结果

$$g = (9.78 \pm 0.04)\ \text{m} \cdot \text{s}^{-2}$$

由摆的幅角、摆线质量及空气浮力等因素引入的不确定度较小，已忽略。

【附录】 常用仪器误差 $\Delta_{仪}$

钢直尺（1～300 mm，1～1 000 mm）：0.1 mm，0.2 mm；

钢卷尺（1 000 mm，2 000 mm）：0.5 mm，1 mm；

游标卡尺（二十、五十分度）：最小分度值（0.05 mm、0.02 mm）；

千分尺（1 级）：0.004 mm；

秒表：最小分度值；

各类数字式仪表：示值×准确度等级%＋仪器最小读数；

电表：量程×准确度等级%；

电阻箱（ZX21 型）：$\sum_{i=1}^{6} R_i \times a_i\%$［$R_i$ 和 a_i 分别为第 i 挡电阻示值和准确度等级（表 1.2.4）］；

物理天平（7 级）：最小分度值（近似值）；

天平砝码（准确度级别 4 级）：见表 1.2.5。

表 1.2.4　ZX21 型电阻箱 20 ℃时各挡倍率 K 与相应准确度等级 a

K	10 000	1 000	100	10	1	0.1
a	0.1	0.1	0.5	1	2	5

表 1.2.5 天平砝码(4 级)允许误差

标称质量(g)	200	100	50	20	10	5	2	1
允许误差(mg)	±10	±5	±3	±2.5	±2	±1.5	±1.2	±1

第三节 有效数字

实验中即要记录数据又要进行数据计算,记录时应取几位数字,运算后应保留几位数字,这是实验数据处理中的一个重要问题。记录与运算后保留的数据应能反映实验所获得的被测量量值准确程度的信息,为此需引入有效数字的概念。

一、有效数字及其记录

我们以最小分度为 1 mm 的米尺测量物体的长度为例,若物体的一端和米尺零刻度线对齐,另一端落在 5.6 cm 和 5.7 cm 两刻度线之间,则最终读数可能为 5.63 cm。这里前 2 位数字 5 和 6 是按米尺的刻度直接读出的,是准确的,而末位的 3 则是估计的,是存在误差的,或者说是可疑的,但它仍近似地反映了被测量在这一位大小的信息,故也应该记录。这样 5.63 cm 即为正确表示测量结果的有效数字,其位数为三位。如果我们再在第三位后“估读”一位或多位数字,显然无任何实际意义,因为第三位已是估计数字,其后面数字的估计是更不可靠的,自然是多余的。

一般而言,仪器的分度值是考虑到仪器误差所在位来划分的,凡是由测量仪器读取的数字,均为有效数字,它的最后一位为可疑数字,其他均为准确数字。由于仪器多种多样,读数规则也不尽相同。对米尺、指针式仪表等读数应在最小分度值以下再估一位;游标类量具只读到游标分度值,一般不估读,特殊情况如对十分度游标卡尺可估读到分度值一半;数字式仪表及步进读数仪器(如电阻箱)不需要估读,仪器所显示的最后一位为可疑数字。另外,如仪器的最小分度非十分之一(例如:0.5),则读数对应最小分度时一般不必估读到下一位,因十分之一位本身(如 0.1,0.2,0.3,…)都是估计值。

必须注意,有效数字是对测量准确度的反映,如测量值恰好为整数时,则必须补“0”至估读位，所补的“0”均为有效数字。例如，根据有效数字概念，3.26 cm 和 3.260 cm 的准确程度是不一样的，前者可能是米尺的测量结果，而后者则可能是游标卡尺的测量结果。

另外，数据记录时，由于单位选择不同，也会出现一些“0”。但单位的变换不应改变测量值的有效数字位数。因此，对较大或较小的数值可采用科学记数法，即测量值只记有效数字，而其数量级利用 10 的幂数表示。例如，3.60 cm、3.60×10^{-2} m 及 3.60×10^{4} μm 三者是等价的，其有效数字位数也是相同的。

二、有效数字的运算

测量结果的有效数字，只需保留一位可疑数，直接测量如此，间接测量的计算结果也应这样。根据这一原则，对测量计算结果的有效数字位数按下述规则决定。

1. 测量结果有效数字的末位应和不确定度末位取齐

实验后应计算不确定度，根据不确定度确定有效数字是正确决定测量结果有效数字的基本依据。**不确定度通常只取一位或二位有效数字，而测量结果有效数字的末位应和不确定度末位取齐。**例如，用单摆测重力加速度的计算结果为 $\bar{g}=981.23\ \mathrm{cm\cdot s^{-2}}$，标准不确定度为 $u(g)=1.8\ \mathrm{cm\cdot s^{-2}}$，则最后结果应为

$$g=(981.2\pm1.8)\ \mathrm{cm\cdot s^{-2}}$$

2. 有效数字运算

不确定度及测量值计算过程中，常涉及较多参与运算的量，且它们的有效数字位数常不一致，为简化计算，一般按以下规则运算。

① 加减运算后的结果，其末位应与参与运算各数中最先出现的可疑位一致。

例如：$2.\underline{3}+0.285\,\underline{6}-0.1\,\underline{1}=2.\underline{475\,6}\approx2.\underline{5}$。

上式中各数字下有横线的为可疑数，最后结果仍只能取一位可疑数。

② 乘除运算后的结果，其有效数字一般应与参与运算各有效数字位数最少的相同。但对诸因子首位数相乘有进位的数，其有效数字应多计 1 位。

例如：

$$325.78\times0.014\,5\div789.2=5.99\times10^{-3}$$

$$2.01\times9.0=18.1$$

③ 三角函数的有效数字位数，将被测量 x 的函数值与 x 的末位增加 1 个单位后的函数值相比较，取至最先出现的不一致处。

例如：$x=43°26'$，求 $\sin x$。

由计算器（或查表）求出

$$\sin 43°26' = 0.687\ 510\ 098\ 5$$
$$\sin 43°27' = 0.687\ 721\ 305\ 1$$

由此知应取 $\sin 43°26'=0.687\ 5$。

④ 对数运算后,其小数部分的位数取与真数的位数相同。

例如:ln2.67=0.982,ln267=5.567。

⑤ 对计算公式中参与运算的常数,如 $1/2$,$\sqrt{2}$,π 等,因它们不是实验测量值,计算中不考虑其有效数字,或认为其有效数字位数是可任意多的。

⑥ 在多个数值参与混合运算时,运算中途应按上述有效数字运算规则多保留一位,以防止由于多次取舍引入计算误差,但最后运算结果仍应舍去。

3. 有效数字的修约规则

对不确定度计算结果只取一位或二位有效数字,且为保证置信概率水平不降低,截取非零剩余尾数时一律采取进位处理。对其他运算后的数字只保留有效数字,其后多余数字舍弃时应采用“四舍六入五凑偶”的修约规则,即舍弃的第一位数小于五全舍去而大于五则舍去同时进1;而舍弃的第一位数如为五时,则先看其右侧即舍弃的第二位是否为零,如不为零则仍进位,如第二位为零,则看其左侧即有效数字末位,偶数时不变,奇数时则加1。

例如:在均要求保留三位有效数字时,有

$$3.124 \rightarrow 3.12,\quad 3.127 \rightarrow 3.13,\quad 3.125\ 1 \rightarrow 3.13$$
$$3.125\ 0 \rightarrow 3.12,\quad 3.115\ 0 \rightarrow 3.12$$

第四节　数据处理的基本方法

物理实验一般都要通过定量的测量,获取较多的测量数据。采用简明而科学的方法把这些数据所代表的物理性质和规律提炼出来就是数据处理。本节介绍常用的数据处理方法,包括列表法、作图法、逐差法和最小二乘法等。

一、列表法

记录和处理数据时,常将测得的原始数据(有时还包括中间计算结果)列成表格,使物理量之间的对应关系简单醒目,便于检查和发现实验中的问题,有助于找出有关物理量之间的规律性。

列表的具体要求是：

① 表的上方应有表头，写明编号、名称，必要时还可以在名称下面或表后附加有关测量仪器及测量环境的说明。

② 栏目设计要简单明了，栏目排序应注意数据间的联系和计算的先后次序，以便于看出各物理量之间的关系和作相关计算。

③ 表中各栏目应写出名称并标明单位，名称应尽量用规定的符号代表，物理量的单位和数量级只需写在该符号的标题栏内。

④ 表格中数据要能正确反映测量结果的有效数字。

二、作图法

作图是实验中常用的数据处理方法之一。通过作图可以把一系列数据间的关系及其变化情况直观地表示出来，特别是对很难找到解析函数式的实验结果，可利用图线分析实验结果并寻求相应的经验公式。作图法还有多次测量取平均的效果，并易于发现测量中的错误。

按作图目的不同，作图法可分为图示法和图解法两类。

1. 图示法

将体现物理量间相互关系的一组测量数据用图线的形式表现出来，称为图示法。图示法具有简明，便于比较研究实验结果等优点。

为尽可能准确反映各物理量间的对应关系，作图时应注意以下问题。

① 选用合适的坐标纸。物理实验中最常用的是直角坐标纸。有时，根据需要也可采用对数坐标纸、极坐标纸等。

② 确定坐标轴。通常以坐标的横轴表示自变量，纵轴表示因变量。应根据该组测量数据的量值范围选择合适的比例和分度值，并且原则上应使坐标轴的分度值和诸测量值的最后一位相对应。为使图线位置及幅度适中，坐标的原点不一定取变量的零点，纵横轴比例也不一定相同，如图 1.4.1 所示，可视方便灵活选取。此外，还应在坐标轴旁标明所表示的物理量名称(符号)和单位。

③ 标点与描线。根据测量值以特定的标记，如・、△、＋ 、○等，在图纸上标出相应坐标点。然后根据坐标点的分布特征，用直尺或曲线板沿坐标点描绘出光滑曲线。因测量值有一定的误差，所以图线不一定通过所有实验点，但不在图线上的点，应以大体相同的数目均匀分布在图线的两侧，并尽可能靠近图线。对个别显著偏离图线之点，要认真分析后决定取舍，而不要轻率地将其擦掉。

④标明图线名称，注明作者及完成日期，最后将图纸黏贴在实验报告上。

2. 图解法

根据画出的实验图线，确定图线方程或得到有关物理量的值的方法称图解法。特别是当图线为直线时，采用此法非常方便。

如图 1.4.2 所示，两物理量(x, y)间函数关系可表为：

$$y = a + bx \tag{1.4.1}$$

为确定式中待定常数 a、b 的值，可在直线上数据区的两端选两点(x_1, y_1)和(x_2, y_2)(此两点一般不是实验数据点)，则根据上式，可解得该直线的斜率 b 为：

$$b = \frac{y_2 - y_1}{x_2 - x_1}$$

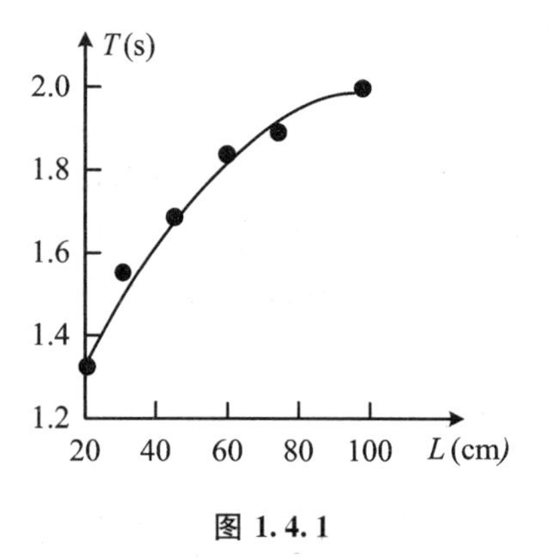

图 1.4.1

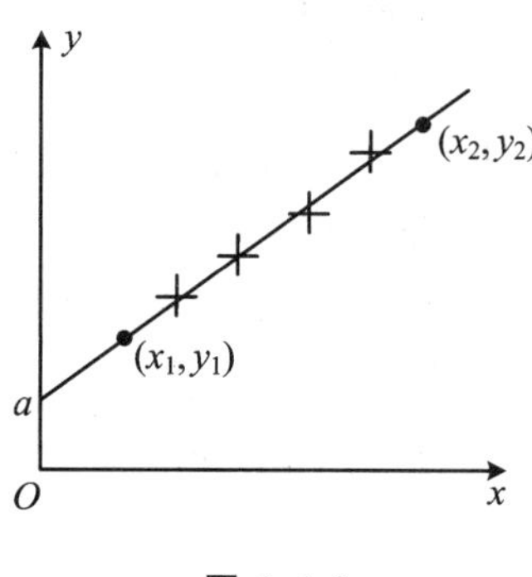

图 1.4.2

如果原点的 x 坐标为零，则可直接由图读出截距 a(因 $x=0$ 时，$y=a$)。否则，在求出斜率 b 后，可以直线上任一点的坐标(x_3, y_3)代入式(1.4.1)，即可算出：

$$a = y_3 - bx_3$$

由于线性关系式(1.4.1)中的参数 a、b 很容易确定，所以，如两物理量 x、y 为非线性关系，即实验图线不是直线时，可通过适当的变量代换，将曲线图转换为直线图。

例如，测单摆周期 T 随摆长 L 的变化，根据绘出的 $T \sim L$ 图线形状可判定为抛物线。因此，以 L 为自变量作 $T^2 \sim L$ 图线，可得到一条通过原点的直线，该直线方程为

$$T^2 = bL$$

而利用 $b=4\pi^2/g$ 还可求得重力加速度 g 的测量值。

三、逐差法

逐差法是常用的数据处理方法之一，特别是自变量与因变量为线性关系，且自

变量等间距变化时应用较多。

设两物理量存在线性关系：

$$y = a + bx \tag{1.4.1}$$

实验测得 k 个数据点：$(x_1, y_1), (x_2, y_2), \cdots, (x_k, y_k)$，为方便起见，取 k 为偶数，即 $k=2n$，则由式(1.4.1)得到 $2n$ 个方程：

$$y_i = a + bx_i + \varepsilon_i \quad (i = 1, 2, \cdots, 2n) \tag{1.4.2}$$

将式(1.4.2)中方程等分为前后两部分，并略去诸误差项，按顺序将前后两部分诸方程两两联立，可求得 n 组 a_i, b_i 值：

$$\left.\begin{aligned} b_i &= \frac{y_{n+i} - y_i}{x_{n+i} - x_i} \\ a_i &= \frac{y_{n+i} + y_i}{2} - \frac{b_i(x_{n+i} + x_i)}{2} \end{aligned}\right\} \quad (i = 1, 2, \cdots, n) \tag{1.4.3}$$

则可得 a、b 的平均值：

$$\bar{a} = \frac{1}{n}\sum_{i=1}^{n} a_i, \qquad \bar{b} = \frac{1}{n}\sum_{i=1}^{n} b_i \tag{1.4.4}$$

逐差法的优点是可充分利用等间距测量的数据，减小测量随机误差。例如，测量弹簧的劲度系数时，每次增加一相同质量砝码，连续增加 7 次，得到弹簧 8 个位置读数 $x_0, x_1, x_2, \cdots, x_7$，欲求每增加一砝码弹簧伸长的平均值，如逐次计算，则有

$$\Delta x = \frac{1}{7}[(x_1 - x_0) + (x_2 - x_1) + \cdots + (x_7 - x_6)] = \frac{1}{7}(x_7 - x_0)$$

可见中间测量数据均未得到利用，而采用逐差法则利用了全部测量数据。

四、最小二乘法

用图解法处理数据虽然比较简便，但它是一种较粗略的数据处理方法，由于人工作图有一定的主观随意性，所得结果往往不是最佳值。根据一组实验数据找出一条最佳的拟合直线或曲线，也即寻求一个误差最小的实验方程的严格数学方法常用最小二乘法。这里我们只讨论用最小二乘法确定两物理量线性关系式

$$y = a + bx \tag{1.4.1}$$

中的参数 a 和 b。

设实验中等精度地测得 n 个数据点 $(x_1, y_1), (x_2, y_2), \cdots, (x_n, y_n)$，为讨论简便起见，设自变量 x_i 的误差相对因变量 y_i 可忽略，则由式(1.4.1)可得 n 个方程：

$$y_i = a + bx_i + \varepsilon_i \qquad (i = 1,2,\cdots,n)$$

即有

$$\varepsilon_i = y_i - (a + bx_i) \qquad (i = 1,2,\cdots,n)$$

将上述各式平方后对 i 求和,可得:

$$Q = \sum_{i=1}^{n} \varepsilon_i^2 = \sum_{i=1}^{n} [y_i - (a + bx_i)]^2 \tag{1.4.5}$$

所谓最小二乘法,就是求出满足诸误差平方和 $\sum \varepsilon_i^2$ 为极小的参数 a、b 值。因此,对式(1.4.5),令

$$\frac{\partial Q}{\partial a} = -2\sum_{i=1}^{n} [y_i - (a + bx_i)] = 0$$

$$\frac{\partial Q}{\partial b} = -2\sum_{i=1}^{n} [y_i - (a + bx_i)]x_i = 0$$

从而由上两式解得两参数的估计值:

$$\left.\begin{aligned} a &= \frac{1}{n}\left(\sum_{i=1}^{n} y_i - b\sum_{i=1}^{n} x_i\right) \\ b &= \frac{n\sum_{i=1}^{n} x_i y_i - \sum_{i=1}^{n} x_i \sum_{i=1}^{n} y_i}{n\sum_{i=1}^{n} x_i^2 - \left(\sum_{i=1}^{n} x_i\right)^2} \end{aligned}\right\} \tag{1.4.6}$$

取

$$\bar{x} = \frac{1}{n}\sum_{i=1}^{n} x_i, \qquad \bar{y} = \frac{1}{n}\sum_{i=1}^{n} y_i$$

$$\overline{x^2} = \frac{1}{n}\sum_{i=1}^{n} x_i^2, \quad \overline{xy} = \frac{1}{n}\sum_{i=1}^{n} x_i y_i$$

则式(1.4.6)也可表为

$$\left.\begin{aligned} a &= \bar{y} - b\bar{x} \\ b &= \frac{\overline{xy} - \bar{x}\cdot\bar{y}}{\overline{x^2} - \bar{x}^2} \end{aligned}\right\} \tag{1.4.7}$$

应该指出,上述处理方法前提是假定线性关系式成立,但这一假定是否合理,通常利用相关系数来评价。相关系数可用下式计算

$$r = \frac{\overline{xy} - \bar{x}\cdot\bar{y}}{\sqrt{(\overline{x^2} - \bar{x}^2)(\overline{y^2} - \bar{y}^2)}} \tag{1.4.8}$$

相关系数表示两个变量之间的关系与线性函数符合的程度。可以证明,$|r| \leqslant 1$,如 $r = \pm 1$,则表示两变量完全线性相关,即式(1.4.1)严格成立;$|r|$ 值越接近 1,表示

两变量线性近似越好；相反，如$|r|$值远小于1而接近0，则表示两变量不线性相关，不能用线性函数拟合。

在前述x_i的误差可忽略条件下，测量值y的标准偏差为：

$$S(y)=\sqrt{\frac{1}{n-2}\sum_{i=1}^{n}(y_i-a-bx_i)^2} \qquad (1.4.9)$$

练　习　题

1. 以下因素导致的误差属于哪一类误差？

(1) 未通电时，电流表指针不指零。

(2) 温度计刻度不准确。

(3) 天平的两臂不严格相等。

(4) 用仪表测同一单摆周期量值不一致。

(5) 天平摆动后指针的停点每次不同。

2. 被测量x的测量结果表述为$x=\bar{x}\pm u(x)$，对此的看法有：(1)真值是$\bar{x}$；(2)x的测量误差是$u(x)$；(3)真值在$[\bar{x}-u(x),\bar{x}+u(x)]$区间内。这些看法正确吗？为什么？

3. 有人说测量次数越多，平均值的标准偏差就越小，因此只要测量次数足够多，不确定度就可以减小到0，从而得到真值。这种看法对吗？

4. 用螺旋测微计测一铁球的直径d，在零点读数为0.004 mm情况下，测得数据为13.217 mm，13.208 mm，13.218 mm，13.209 mm，13.215 mm，13.207 mm，13.213 mm，13.215 mm。计算测量不确定度并给出测量结果。

5. 用同样米尺测同一物体长度，几位同学分别读出测量值为：3.53 cm，3.530 cm，3.5 cm，35 300 μm，3.52 cm，0.035 4 m。你认为上述读值哪些是不妥当的，为什么？

6. 按有效数字运算法则计算下列各式：

(1) $\frac{1.5}{0.50}-3.12=$　　(2) $\frac{25^2+943.0}{480}=$

(3) $113.5+21.00-0.500=$　　(4) $30.9+\frac{8.0421}{6.038-6.034}=$

7. 求下列各间接测量量不确定度合成公式，设等式右边各直接测量量不确定度已知。

(1) $v=\frac{4}{3}\pi r^3$　　(2) $g=\frac{2h}{t^2}$

(3) $\rho=\rho_0\frac{m_1}{m_1-m_2}$（忽略$\rho_0$的不确定度）　　(4) $m=\sqrt{m_1m_2}$

(5) $f=\frac{uv}{u+v}$ (6) $f=\frac{l^2-d^2}{4l}$

8. 由欧姆定律,导体电阻 $R=U/I$,如直接测得 $U=(5.0\pm0.1)$ V,$I=(0.50\pm0.02)$ A,则电阻测量结果应怎样表示?

9. 某同学在弹簧劲度系数测量中记录数据如下表所示,其中 F 为弹簧所受作用力,L 为弹簧的长度。

F(N)	5.0	10	15	20	25	30
L(cm)	6.05	8.00	10.10	11.95	13.90	16.00

试分别用图解法、逐差法、最小二乘法处理上述数据,求出弹簧的劲度系数 k 及原长 L_0。

第二章　物理实验常用仪器与基本方法

第一节　物理实验常用仪器

一、力热实验常用仪器

1. 长度测量仪器

长度测量是物理实验中最基本的测量之一。米尺是最普通的长度测量仪器，其测量准确度较低。为提高长度测量的准确度，实验室常用游标卡尺、螺旋测微计等测量长度。

(1) 游标卡尺

游标卡尺也称游标尺或卡尺，其结构如图 2.1.1 所示。它由主尺及可沿主尺滑动的游标(副尺)组成，主尺 D 与量爪 A、A′相连，游标 E 与量爪 B、B′及深度尺 C 相连。量爪 A、B 用来测量物体的厚度或外径，A′、B′则用来测内径，深度尺 C 可用于测量槽或孔的深度。当左右量爪合拢时，游标 0 线与主尺 0 线应对齐，如图 2.1.2(a)所示，此时读数为零。测量时，这两个 0 线之间的距离等于所测的长度。图 2.1.1 中 F 为游标固定螺钉。

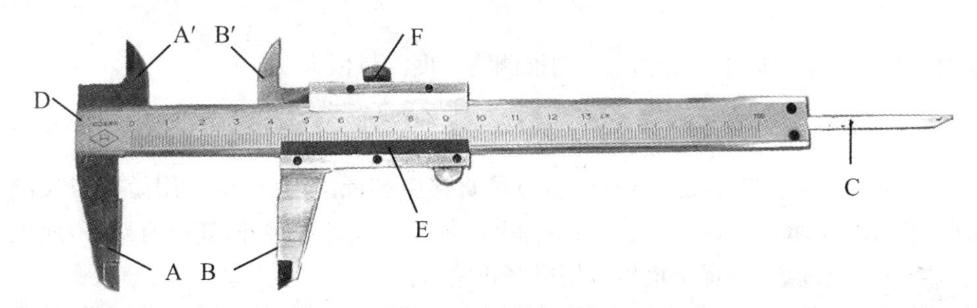

图 2.1.1　游标卡尺

游标尺的主尺刻有毫米分格，而游标上的刻度则有不同的分格法。通常，游标上的 n 个分格(称为 n 分游标尺)的总长与主尺上 $n-1$ 个分格的总长相等。故如主尺的一分格长度为 x，则游标上一个分格的长度为 $(n-1)x/n$，二者之差 $\Delta x=x/n$ 称该游标的分度值。一般实用的游标有 n 等于 10、20 和 50 三种，由上述可知其分度值分别为 0.1 mm、0.05 mm 和 0.02 mm。

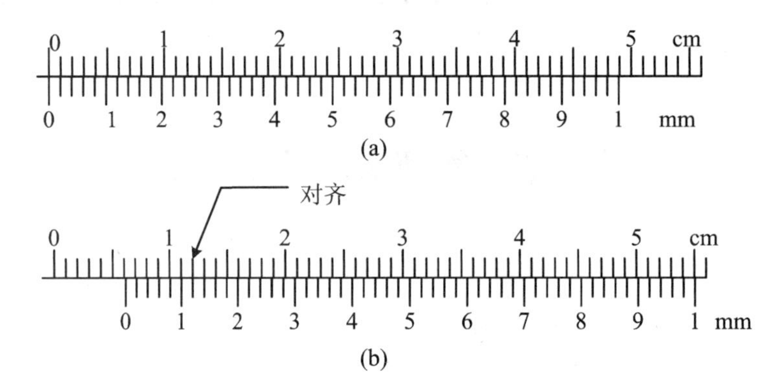

图 2.1.2　游标卡尺读数

测量时，根据游标“0”线所对主尺的位置，可由主尺读出毫米位的准确数，而毫米以下的部分则由游标读出。以图 2.1.1 所示五十分游标尺测量为例，若被测物长度的示数如图 2.1.2(b)所示，则被测物在主尺上毫米位的准确读数为 6 mm。而根据图示游标上第 8 条线与主尺上某一刻度线对齐，测量读数 L 应为

$$L=6\times 1\ \text{mm}+6\times\frac{1}{50}\ \text{mm}=6\times 1\ \text{mm}+6\times 0.02\ \text{mm}=6.12\ \text{mm}$$

所以被测物体的长度为 6.12 mm。

由此可推知，使用 n 分度的游标时，如游标的第 k 条线与主尺上某一刻线对齐，则毫米以下的部分的长度 Δl 为：

$$\Delta l=kx-k\frac{n-1}{n}x=k\frac{x}{n} \tag{2.1.1}$$

设由主尺读得毫米以上部分为 L_1，则被测物长度测量值 L 为

$$L=L_1+k\frac{x}{n} \tag{2.1.2}$$

游标上刻度示值已按式(2.1.1)标记，故可直接由游标读出 Δl 值。用游标卡尺测量前，应先将量爪合拢，检查主尺与游标上两零刻度线是否对齐，如没有对齐，应记下此时的零点读数(注意正负号)，用以修正测量值。

游标卡尺的读数也会产生误差，由于在判断游标上哪一条线与主尺上的某条刻度线对得最齐时，可能有正负一条线之差，所以取游标尺的分度值为仪器最大示

值误差。

(2) 螺旋测微计

螺旋测微计是比游标卡尺更精密的长度测量仪器。实验室常用的螺旋测微计的量程为 25 mm,仪器准确度为 0.01 mm,其构造如图 2.1.3 所示。图中测微螺杆 3 与活动套管 5 螺旋联结,其螺距为 0.5 mm,固定套管 4 上有间隔 0.5 mm 的刻度。螺杆在固定套管 4 中每转一周,测杆 3 与测砧 2 间距减小或增加 0.5 mm(一个螺距)。因活动套管 5 与固定套管 4 上刻度相贴的周边等分为 50 个分格,故测分筒 5 转过一分格,则使测杆 3 与测砧 2 间距改变 0.01 mm,这就是螺旋测微计的分度值。根据读数原则,还可估读一位数字,即可估读到 0.001 mm,所以螺旋测微计又称千分尺。

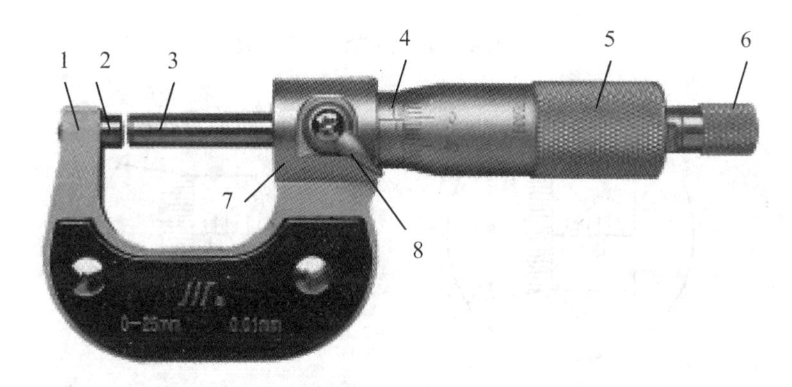

1:尺架；　2:固定测砧；　3:测微螺杆；　4:固定套管；
5:测分筒；　6:棘轮；　7:螺母套管；　8:锁紧装置

图 2.1.3　螺旋测微计构造图

测量时,根据固定套管 4 上可见刻度可读出测量值中准确到 0.5 mm 的部分,而由活动套管 5 上正对 4 上轴向横线的分格数,可读出测量值中余下的不足 0.5 mm的部分(含估读位),两个读数相加即为测量值。

测量前应使测杆 3 与测砧 2 直接接触,检查螺旋测微计是否有零点读数,如有不等于零的零点读数,称为零点误差(注意正负号)。如图 2.1.4 所示,图 2.1.4(a)所示的零点读数为 0.000 mm;图 2.1.4(b)的零点读数应为－0.025 mm;而图 2.1.4(c)的零点读数则应为＋0.020 mm;故测量后,应对测量值予以修正(将测量值减去上述读数)。螺旋测微计读数时,要注意防止少(或多)读 0.5 mm。如图 2.1.5 所示,(a)与(b)在固定套管上的读数相差 0.5 mm,图 2.1.5(a)的读数应为 5.247 mm,而图 2.1.5(b)的读数则应为 5.776 mm,而不是 5.276 mm。

使用螺旋测微计测量时,拧动其尾端的棘轮 6 可使测杆移动,当测杆与被测物(或砧台 2)接触压力达一定数值时,棘轮将滑动并有“咔”、“咔”声,测杆则停止前进,这时可以读数。设置棘轮可保证每次的测量条件(接触松紧程度)一定,从而减小测量误差并避免螺纹受力过大而损伤。另外,螺旋测微计使用完毕后,应使测杆3与测砧2间留有空隙,以免受热膨胀时,接触过紧而损坏螺纹。

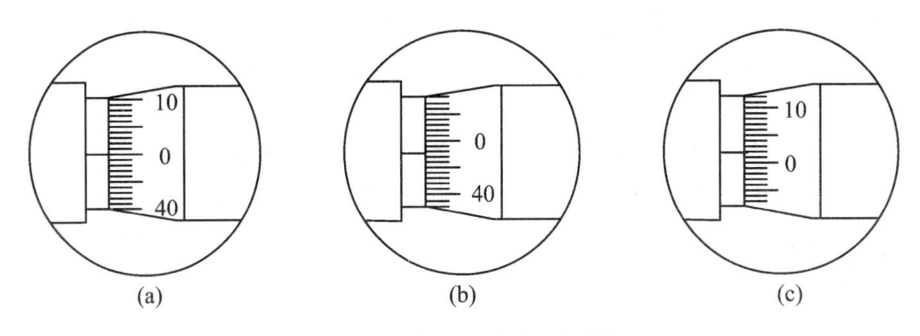

图 2.1.4 螺旋测微计零点读数

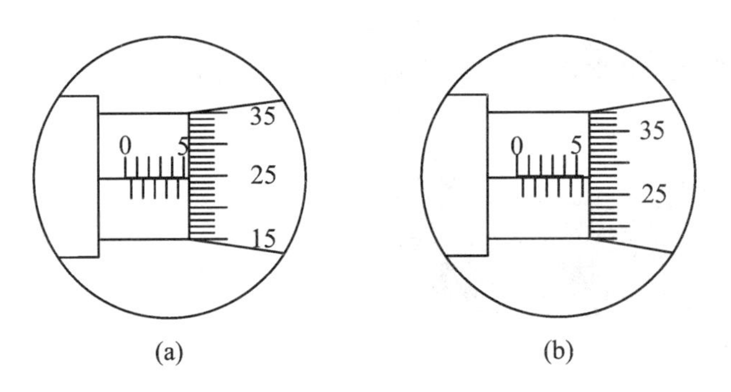

图 2.1.5 螺旋测微计读数

2. 质量测量仪器——天平

质量是基本物理量之一,通常用天平称量。天平的种类很多,按结构可分为机械天平和电子天平两大类。机械天平是以杠杆平衡原理为基础设计的,它又有托盘天平、物理天平、分析天平等类型,托盘天平准确度较低,分析天平准确度最高,物理实验中一般使用物理天平。常用机械天平实物如图 2.1.6 所示。电子天平使用各种压力传感器将压力变化转变为电信号输出,放大后再通过 A/D 转换直接用数字显示出来。电子天平使用方便,操作简单,且同机械天平一样可有很高的准确度。以下只介绍物理天平的结构与使用(图 2.1.7)。

(1) 物理天平的结构

物理天平主体是个等臂杠杆,其结构如图 2.1.7 所示,横梁 BB′两端各有一刀口 b、b′,其上有挂钩,钩下各挂一托盘 P、P′。横梁由位于其中点的刀口 a 支于直立支架上。底座上两螺旋 F 和 F′可调节底座水平,而底座上的气泡水准器则用于指示底座是否水平。横梁上有一可滑动的游码 D,根据游码在横梁上的位置可读出 0～1 g 的读数(具体读数情况视所用天平而决定)。旋转立柱上的止动旋钮 K 可使天平横梁启动或止动,通常在不使用天平时应使天平止动,此时横梁中刀口与刀垫分离,使刀口受到保护。图 2.1.7 中 Q 是可绕杆水平旋转且能上下移动的杯托盘,用于放置杯子等物。

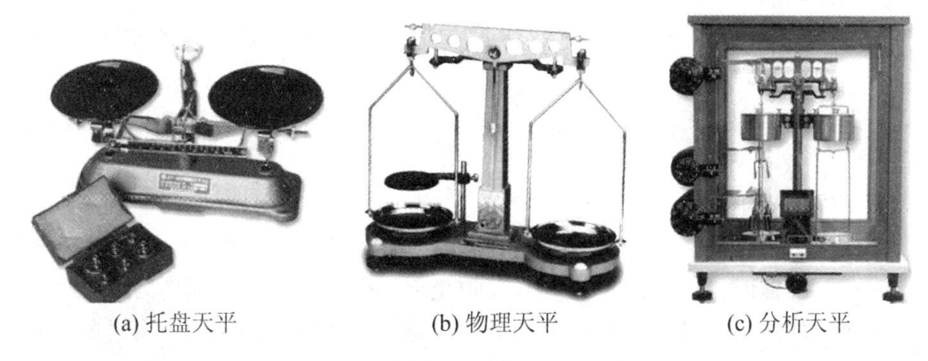
(a) 托盘天平　(b) 物理天平　(c) 分析天平

图 2.1.6　实用机械天平

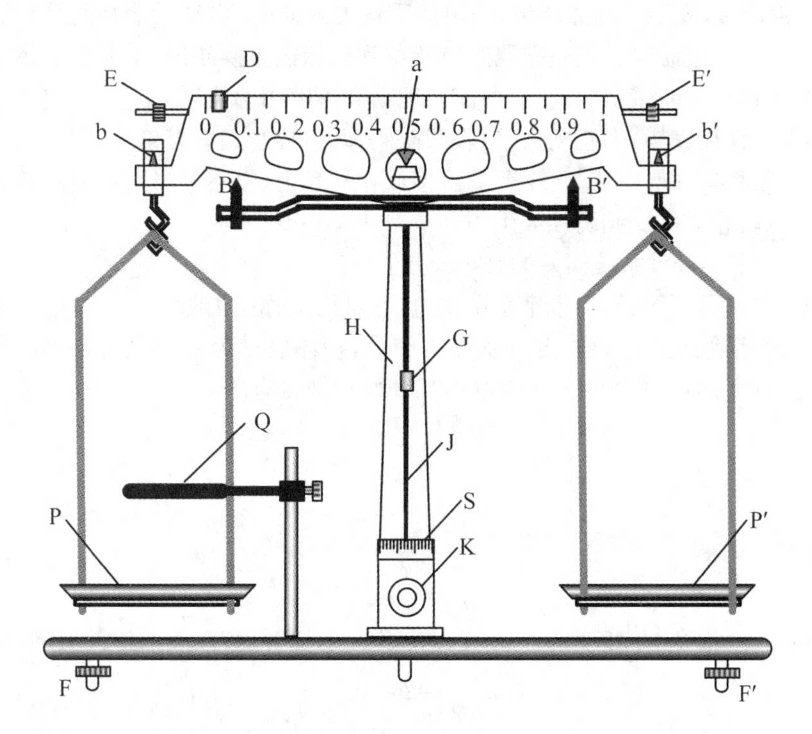

a、b、b′为刀口;BB′为横梁;D 为游码;E、E′为配重螺母;F、F′为螺钉;G 为重锤;H 为支柱;J 为指针;K 为止动旋钮;P、P′为秤盘;Q 是托盘;S 为标尺

图 2.1.7　物理天平结构图

天平有两个重要的技术指标:最大载量和灵敏度(或感量)。最大载量是指允许称衡的最大质量。灵敏度是指天平秤盘上增加(或减少)单位质量的砝码时,天平指针偏转的分度格数。灵敏度的倒数称为感量。

(2) 物理天平的调节与使用

天平使用前的调节:

① 调底座水平。调底座螺旋F和F′,直至圆气泡水准器中的气泡位于圆心。

② 调天平零点。将横梁两端的秤盘放在刀口上,游码D移至零刻度上,调节横梁两端的调平螺旋E和E′,直至空载支起天平时,指针J的停点和标尺S的中点重合。

天平操作规则:

① 只有当判断天平是否平衡时才旋转止动旋钮启动天平,在加减砝码、移动游码或取放物体时,都应使天平止动,以防止天平受到大的震动损伤刀口。

② 被测物放在左盘上,右盘上加砝码。取放砝码时要用镊子,用过的砝码要直接放回盒中原来位置,注意保护砝码的准确性。

③ 称衡时,先估计物体质量,按粗估质量加入砝码,启动天平判明轻重后随即止动天平,再调整砝码。调整砝码时应从重到轻依次更换砝码,不要越过重的先加小砝码,那样往往要多费时间,且可能出现砝码不够用的情形。

④天平使用完毕,要止动天平,收回砝码,并将秤盘摘离刀口。

⑤严禁将酸、碱、油脂、化学药品直接放在秤盘上,也不可将潮湿物品直接放在秤盘上,以防止天平受到腐蚀或生锈。

(3) 天平不等臂系统误差的修正

如天平两臂不等长,将带来系统误差,这可用复称法消除。

设天平横梁左右两臂长度分别为 l_1 和 l_2,物体质量为 m。先后将物体放于左盘和右盘称得测量值为 m_1 和 m_2,则由杠杆原理知必有

$$m_1 g l_1 = m g l_2$$

及

$$m_2 g l_1 = m g l_2$$

两式联立即可得

$$m = \sqrt{m_1 m_2}$$

因 m_1 和 m_2 相差很小,可令 $m_2 = m_1 + \Delta m$ 代入上式并展开,取一级近似可得:

$$m = m_1\left(1 + \frac{1}{2}\frac{\Delta m}{m_1}\right) = \frac{1}{2}(m_1 + m_2) \tag{2.1.3}$$

即实际测量时,可取 m 为 m_1 和 m_2 的算术平均值。

3. 时间测量仪器

时间是基本物理量之一,其测量是实验中经常遇到的。实验室常用秒表和数

字毫秒计直接测量时间。

(1) 秒表

秒表又称停表，它是最常用的时间测量仪器，携带及操作方便。秒表有机械秒表和电子秒表两种，如图 2.1.8 所示。机械秒表的记时功能较单一，其最小计时单位为 0.1 s 或 0.2 s。使用前旋转机械秒表上端的按钮旋紧发条，测量时按下按钮秒表立即走动，开始计时；再按下按钮，秒表停止走动，由沿大表盘转动的秒针与沿小表盘转动的分针指示得到所测时间；第三次按下按钮，秒表回零，准备下一次计时。电子秒表功能较多，其最小计时单位为 0.01 s。利用电子秒表的功能转换按钮能够显示月、日、星期、时、分、秒及设置闹铃等，而电子秒表的另两个按钮则分别具启动和暂停及复零功能。

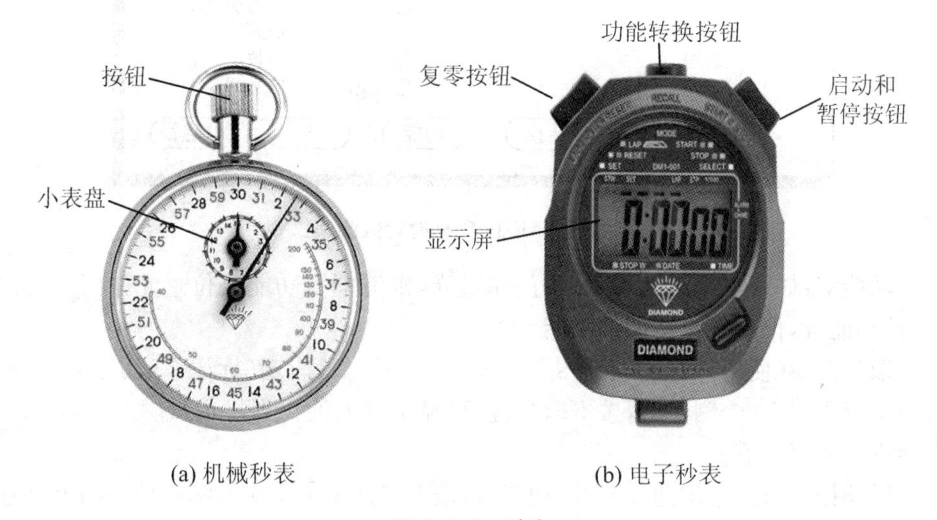

(a) 机械秒表　　(b) 电子秒表

图 2.1.8　秒表

使用机械秒表时应注意：①轻拿轻放，切勿摔碰，以免损坏；②如指针不能指零，应记下零点读数并修正测量值；③实验完毕，应让秒表继续走动，使发条完全放松。

使用秒表因手动操作引起的计时误差由于个体差异而有所不同，一般在 0.2 s 以内。

(2) 数字毫秒计

数字毫秒计是一种精确的计时仪器，它采用石英晶体振荡产生的频率稳定的脉冲信号作为计时标准，计时单元一般可达到 0.1 ms 甚至更小，故测量时间的准确度很高。数字毫秒计一般利用光电信号来控制计时的起止，时间通过数码管显示，因此误差很小且读取方便。目前实验室常用的数字毫秒计以单片微机为核心，配有合理的控制程序，不仅具有计时功能，还具有计数、测量速度、加速度、周期等多种功能,也称为计时计数测速仪。它常与气垫导轨、自由落体仪等配合使用。

图 2.1.9 所示为实验室常用的一种计时计数测速仪的前面板,它后面板上有P_1、P_2两路光电门信号输入端口,使用时仪器可自动判定光电门端口,提取数据时,显示屏按测量顺序显示存储的测量数据。前面板上主要键的功能及操作介绍如下:

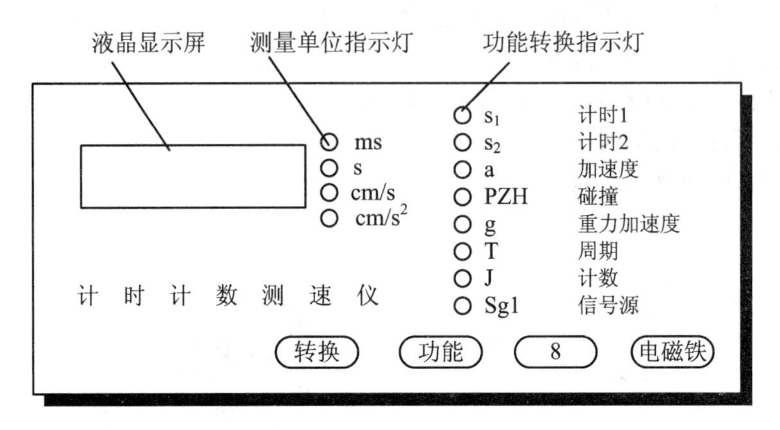

图 2.1.9 MUJ-6C 计时计数测速仪

功能键:如按下功能键前,光电门遮过光,则清“0”,功能复位。光电门没遮过光,按功能键,仪器将选择新的功能。

取数键:在使用计时 1(标记 s_1)、计时 2(标记 s_2)、周期(标记 T)功能时,仪器可自动存入前 20 个测量值,按下取数键,可显示存入值。当显示“E×”时,提示将显示存入的第×值。

转换键:在计时、加速度、碰撞功能时,按下转换键小于 1 s,测量值在时间或速度之间转换。按下转换键大于 1 s 可重新选择所用的挡光片宽度 1.0 cm,3.0 cm,5.0 cm,10.0 cm。

计时 1(标记 s_1):测量对任一光电门的挡光时间。

计时 2(标记 s_2):测量光电门两次挡光的间隔时间。

在选择计时 1 或计时 2 功能时,仪器可自动存入连续测量的前 20 个数据,按下取数键可查看。

加速度(标记 a)键:测量带凹形挡光片的滑行器,通过两个光电门的速度及通过两光电门这段路程的时间,可接入 2~4 个光电门。

仪器可循环显示下列数据:

1	第一个光电门
×××××	第一个光电门测量值
2	第二个光电门

××××× 　　第二个光电门测量值

1～2 　　第一至第二光电门

××××× 　　第一至第二光电门测量值

周期(标记 T)键:测量简谐振动的周期,可选用两种测量方法:不设定周期数和设定周期数(只能设定 100 以内周期数)。运动平稳后,按功能键,即可开始测量。

计数(标记 J)键:测量光电门的遮光次数。

碰撞(标记 PZH)和重力加速度(标记 g)键:分别用于碰撞和测量重力加速度实验,前者实验中测量两滑块通过光电门的速度,后者与自由落体仪配合时测量小钢球通过光电门的速度。具体测量方式实验时可参考仪器说明书,此处从略。

电磁铁开关键:按动此键可改变电磁铁吸合(键上发光管亮)、放开。

信号源(标记 Sgl)键:将信号源输出插头插入信号源输出插口,可在插头上测量仪器输出时间间隔为 0.1 ms,1 ms,10 ms,100 ms,1 000 ms 的电信号,按转换键可改变电信号的频率。

4. 温度测量仪器

温度是表征物体冷热程度的物理量,它是热力学重要的基本测量之一。温度只能通过物体随温度变化的某些特性来间接测量,而用来量度物体温度数值的标尺叫温标。目前国际上用得较多的温标有华氏温标(F)、摄氏温标(℃)、和热力学温标(K)。

摄氏温度 t_C 和华氏温度 t_F 的关系:$t_F=1.8t_C+32$。

摄氏温度和热力学温度 T 的关系:$T=273.16+t_C$。

温度计是测温仪器的总称。温度计按测温方式可分为接触式和非接触式两大类。接触式温度计一般比较简单,测量精度较高;但测温元件与被测介质需要进行充分的热交换,才能达到热平衡,所以存在测温的延迟现象,同时受耐高温材料的限制,不能应用于很高的温度测量。非接触式温度计是通过热辐射原理来测量温度的,测温元件不需与被测介质接触,测温范围广,不受测温上限的限制,也不会破坏被测物体的温度场,反应速度一般也比较快;但受到物体的发射率、测量距离、烟尘和水气等外界因素的影响,其测量误差较大。

温度计根据所用测温物质的不同和测温范围的不同,有液体温度计、气体温度计、电阻温度计、温差电偶温度计、辐射温度计和光测温度计等。

(1) 液体温度计

实验室常用的液体温度计有水银温度计、煤油温度计、酒精温度计等。液体温度计有“半浸式”和“全浸式”两种。使用时应将温度计插入被测介质至温度计上的“浸没线”处,读数时视线应正对读数并与温度计垂直,并注意物体或手不能接触到储液泡,以免产生人为的测量误差。

(2) 数字温度计

数字温度计具有读数直观准确、测量范围宽等优点。数字温度计的感温元件有多种,常用的有热电偶和热敏电阻等。如利用热电偶的温差电偶温度计是将两种不同金属导体的两端分别连接起来构成一个闭合回路,当两个接触点处于不同温度时,回路中将产生电动势。由于这种温差电动势是两个接触点温度差的函数,一般使冷接触点温度保持恒定,则通过测量温差电动势可确定热接触点的温度。温差电偶温度计视热电偶材料不同有不同测温范围,使用时应注意选择。

二、电学实验常用仪器与元件

1. 电表

电表是电学测量的基本仪表,如电流表、电压表、欧姆表等。电表有磁电式、电磁式、电动式等种类,其中以磁电式应用最广泛。磁电式电表的表头(电流计)结构如图 2.1.10 所示。永磁体两磁极间的磁场中有一矩形线圈,线圈两端各有一个游丝弹簧,弹簧各连接表头的一个接线柱,在弹簧与线圈间由一个转轴连接,在转轴相对于表头的前端,有一个指针。当有电流通过时,电流沿弹簧、转轴通过磁场,线圈受磁场力的作用而发生偏转并带动指针偏转,直到与游丝的反向扭力矩平衡。由于磁场力的大小随电流增大而增大,所以可以通过指针的偏转程度来观察电流的大小。

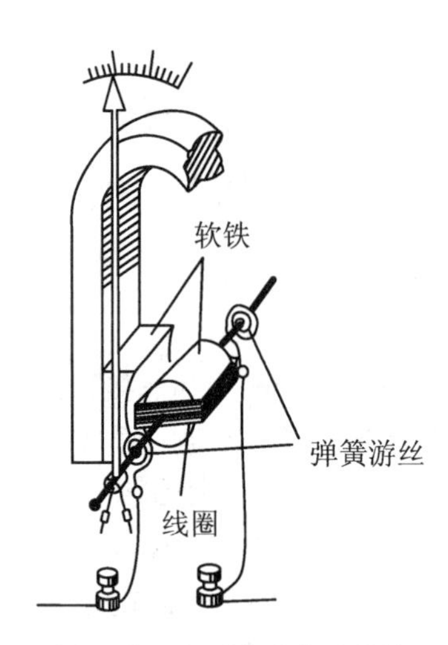

图 2.1.10 磁电式表头结构

(1) 电流表

电流强度是基本物理量之一,其单位是安培(A)。电流表是直接测量电流强度的仪表。实验室中常用的有直流电流表、交流电流表和检流计等。

1) 直流电流表

磁电式直流电流表由表头 G 并联一分流电阻 R_S 而构成(图 2.1.11)。电流表可测的最大电流值称为量程。电流表的量程大小由并联的分流电阻值决定,量程最小的只有 10 μA,最大可

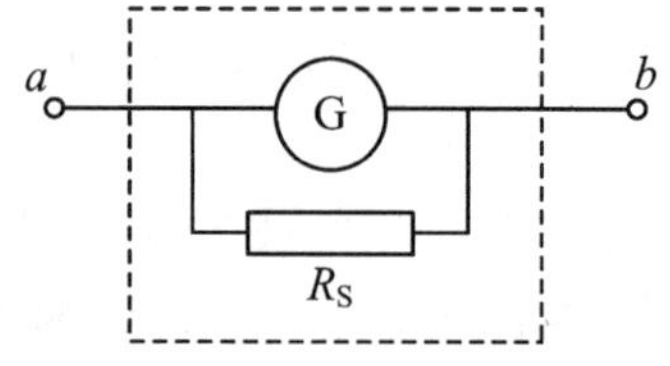

图 2.1.11 电流表原理

达几安培或更大。电流表按量程大小可分为微安表、毫安表及安培表。

根据国家标准规定，各种电表共分为11个准确度等级，分别为0.05，0.1，0.2，0.3，0.5，1.0，1.5，2.0，2.5，3.0和5.0级。物理实验中常用的电流表等级为0.5～1.5级。

电流表的使用规则：

① 选择合适的量程。若测前不能确定被测量的最大值，应先选用量程的最大挡，再根据示值选定合适的量程，最好能使指针偏转量程的2/3以上。

② 电表极性不可接反。电流要从“＋”接线柱流入，从“－”接线柱流出。

③ 绝对不允许不经过用电器而把电流表直接连到电源的两极上(电流表内阻很小，若将电流表直接连到电源的两极上，轻则指针打歪，重则烧坏电流表、电源)。

2）检流计

检流计是用来检测微弱电流的高灵敏度的机械式指示仪表，在电桥、电位差计中作为零位指示仪表，也可用于测微弱电流、电压等。实验室常用的有指针式检流计、光点反射式检流计和冲击检流计等类型。

图2.1.12为实验室常用的AC5型直流指针检流计，属于便携型磁电式结构，主要是用作零位指示之用。检流计指针零点在刻度中央，当检流计通入微小电流时，指针视电流流入方向不同可向左(或右)偏转。检流计不用时，锁定旋钮2移向红点位置，线圈被锁住，以防止可动部分及张丝等因机械振动而引起变形。使用时，锁定旋钮2移至白点，并可用零点调节旋钮1调零，按下“电计”按钮4，检流计被接入电路，当指针不停摆动时，可按下“短路”按键3使指针迅速止动。

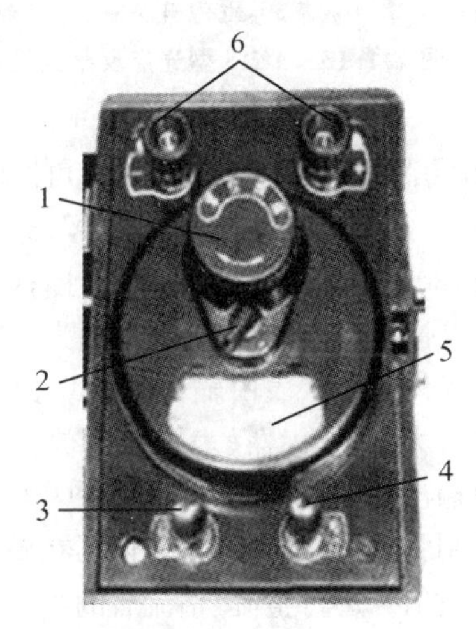

1：零点调节；2：锁定，3：短路按键；4：电计；5：电流指示；6：接线柱

图2.1.12　AC5型直流指针检流计

检流计允许通过的电流非常小，使用时常需串联一保护电阻以防止电流过大损坏检流计。检流计用作零位指示时，当调节测量电路使通过的电流已很小时，可短路保护电阻以提高检流计的测量灵敏度。

图2.1.13为AC15型光点反射式检流计，它具有很高的灵敏度，常称为灵敏电流计，其原理及使用方法将在后续实验中作专题介绍。

(2) 电压表

电压表用于直接测量电压,测量时只要将电压表的两个接线端与待测元件或电路两端点并联即可。

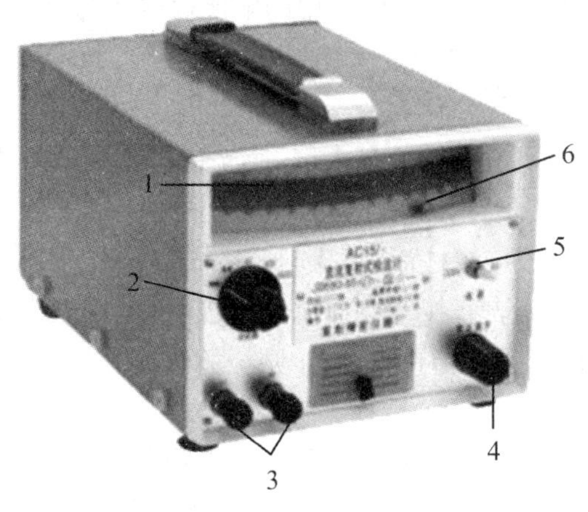

1:电流显示;2:分流器;3:接线柱;
4:零点调节;5:电源开关;6:零点细调

图 2.1.13 AC15 型光点反射式检流计

1) 直流电压表

直流电压表由表头 G(或电流表)串联一较大阻值的分压电阻 R 而构成,如图 2.1.14 所示。串联不同阻值的电阻可得到不同量程的电压表(伏特表、毫伏表等)。

电压表通常都有多个量程,使用时应先选择适当量程,再调零(即把指针调到零刻度),并注意使电流从"+"端流进,从"−"端流出。

2) 交流毫伏表

常用的晶体管毫伏表具有测量交流电压、电平测试、监视输出等三大功能。图 2.1.15 所示的 DF2170A 型双通道交流毫伏表可同时测量两个元件的电压值,其电压测量范围为 30 μV~300 V,分 0.3 mV,1 mV,3 mV,10 mV,30 mV,100 mV,300 mV,1 V,3 V,10 V,30 V,100 V,300 V 共 13 挡;频率测量范围 5 Hz~2 MHz,电平 dB 刻度范围为−90~+50 dB。

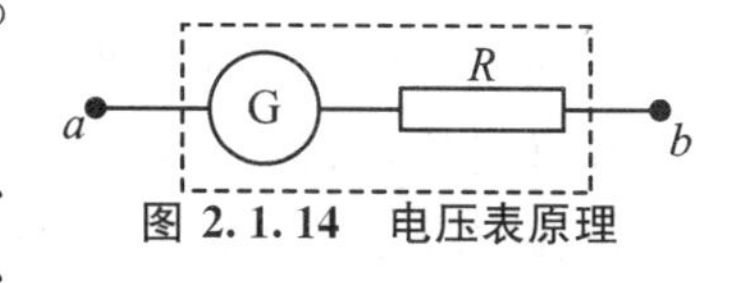

图 2.1.14 电压表原理

晶体管毫伏表由输入保护电路、前置放大器、衰减放大器、放大器、表头指示放大电路、整流器、监视输出及电源组成。输入保护电路用来保护该电路的场效应管;衰减控制器用来控制各挡衰减的接通,使仪器在整个量程均能高精度地工作;整流器是将放大了的交流信号进行整流,整流后的直流电流再送到表头;监视输出功能主要是检测仪器本身的技术指标是否符合出厂时的要求,同时也可作放大器使用。

使用方法:

通电前,先调整电表指针的机械零点,并将仪器水平放置。

① 接通 220 V 电源,按下电源开关,各挡位发光二极管全亮,然后自左至右依次轮流检测,检测完毕停止于 300 V 挡指示,并自动将量程置于 300 V 挡。

② 将输入测试探头上的红、黑鳄鱼夹与被测电路并联(红鳄鱼夹接被测电路的正端,黑鳄鱼夹接地端),观察表头指针在刻度盘上所指的位置,若指针在起始点位置基本没动,说明被测电路中的电压甚小,且毫伏表量程选得过高,此时用递减

法由高量程向低量程变换，直到表头指针指到满刻度的 2/3 左右即可。

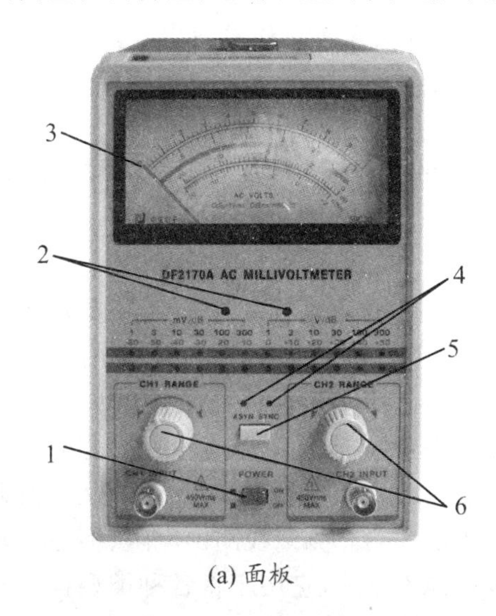

(a) 面板

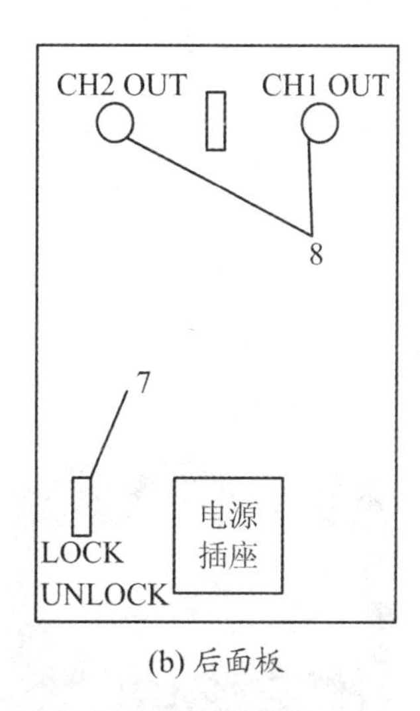

(b) 后面板

1：电源开关；2：机械零点调整；3：表头；4：同步异步/CH1、CH2 指示；
5：同步异步/CH1、CH2 选择按键；6：量程选择；7：关机锁存选择开关；8：通道监视输出

图 2.1.15　双通道交流毫伏表

③ 准确读数。表头刻度盘上共刻有四条刻度。第一条刻度和第二条刻度为测量交流电压有效值的专用刻度，第三条和第四条为测量分贝值的刻度。当量程开关分别选 1 mV，10 mV，100 mV，1 V，10 V，100 V 挡时，就从第一条刻度读数；当量程开关分别选 3 mV，30 mV，300 mV，3 V，30 V，300 V 挡时，应从第二条刻度读数（逢 1 就从第一条刻度读数，逢 3 从第二刻度读数）。

注意：

① 测量 30 V 以上的电压时，需注意安全。所测交流电压中的直流分量不得大于 100 V。

② 接通电源及输入量程转换时，由于电容的放电过程，指针有所晃动，需待指针稳定后读取读数。

③ 同步/异步方式：当按动面板上的同步/异步选择按键时，“SYNC”灯亮为同步工作方式，“ASYN”灯亮为异步工作方式；当为同步方式工作时，CH1 和 CH2 的量程由任一通道控制开关控制，使两通道具有相同的测量量程。

④ 关机锁存功能（如图 2.1.15 所示后面板）：当将后面板上的“关机锁存/不锁存”选择开关拨向“LOCK”时，在选择好测量状态后再关机，则当重新开机时，仪器会自动初始化成关机前所选择的测量状态；而当拨向“UNLOCK”时，则每次开机时仪器将自动选择量程 300 V 挡，“ASYN（异步）/CH1”状态。

(3) 万用表

万用表是实验室及日常生活中常用的测量仪表。它集直流电流表、直流电压表、交流电流表、交流电压表、欧姆表等功能于一身,通过功能转换旋钮进行调节,使用非常方便。有的万用表还有测量频率、电感、电容等功能。

万用表有指针式和数字式两类,指针式的准确度较低,数字式的准确度相对较高。

1) 指针式万用表

图 2.1.16 为一种指针式万用表实物图。万用表由表头、测量线路及转换开关等 3 个主要部分组成。表头是一只高灵敏度的磁电式直流电流表,万用表的主要性能指标基本上取决于表头的灵敏度。表头的灵敏度是指表头指针满刻度偏转时流过表头的直流电流值,这个值越小,表头的灵敏度愈高。测量线路由电阻、半导体元件及电池等组成,它用于将各种类型且强弱不同的被测量(如电流、电压、电阻等),经过一系列的处理(如整流、分流、分压等)转换成适合表头测量的微小直流电流。转换开关的作用是选择各种不同的测量线路,以满足不同功能和不同量程的测量要求。表盘上按表的功能有多条刻度线,以适应测量读数需要。刻度线旁标有“R”或“Ω”的指示电阻值,标有“∽”和“VA”的指示交、直流电压和直流电流值,标有“10 V”的适合于取 10 V 量程时的电压读数,标有“dB”的则专用于指示音频电平。测量时注意根据转换开关选择的功能和量程选择合适的刻度线读数。

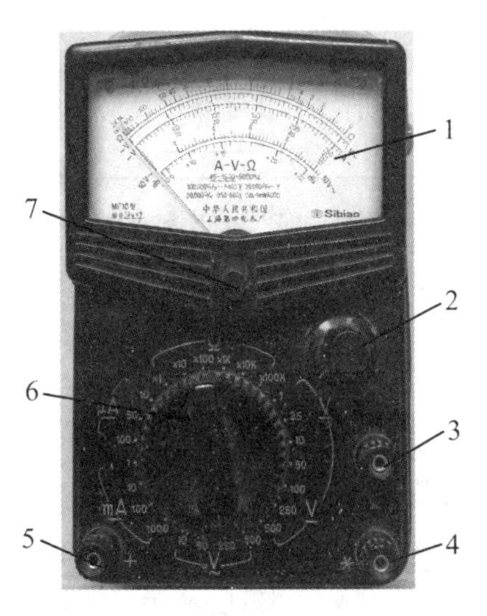

1:表头;2:电阻挡调零旋钮;3:电阻挡插孔;4:公共(负极)表笔插孔;5:正极表笔插孔;6:转换开关;7:调零旋钮

图 2.1.16 MF10 指针式万用表

2) 数字万用表

数字万用表有台式和便携式两种。按数显位数划分,可分为三位、三位半、四位、四位半……能显示“0～9”这十个数字的称为一个整位,不足的称为半位,半位都是出现在最高位。例如,最大能显示“9999”时,称为四位;如最大只能显示“0999”或“1999”的称为三位半。便携式的位数一般为三位半到四位半,准确度比台式的低。数字式万用表较指针式功能更为齐全,且具有准确度高、测量速度快及读数显示清晰直观等优点。

数字万用表类型众多,使用前应仔细看说明书,严格按操作规程测量。

2. 电源

电源是通过非静电力做功把其他形式的能转换成电能的装置，分为直流电源和交流电源两类。物理实验中常用的电源有干电池、标准电池、直流稳压电源和电网提供的交流电等。

（1）电池

电池是最简单的电源，常用的有干电池、锌汞电池（常称钮扣电池）、锂电池及铅蓄电池等。日常生活中的电子表、数码照相机、手机、汽车及许多电子产品都需要配备电池。在物理实验中，当不需要强电流时，使用干电池是很方便的，一般单个干电池的电动势约 1.5 V，使用时可根据需要将干电池组成电池组。

标准电池也是将化学能转换成电能的装置，但其电动势能维持较长时间，准确度较高，常用标准电池的结构与特点参见“第三章实验十”。

（2）直流稳压电源

稳压电源的分类方法繁多，按输出电源的类型分有直流稳压电源和交流稳压电源；按稳压电路与负载的连接方式分有串联稳压电源和并联稳压电源；按调整管的工作状态分有线性稳压电源和开关稳压电源；按电路类型分有简单稳压电源和反馈型稳压电源；按显示方式分有指针式和数字式；按输出方式分有单路、双路及多路输出等等。直流稳压电源经变压、整流、滤波、稳压后可将输入的 220 V 交流电变成直流电输出。直流稳压电源的主要技术指标有输出电压范围、最大输出电流、最大输入电压、电压稳定度等。

图 2.1.17 为一种实用直流稳压电源，其面板上有电源开关、输出电压和电流调节旋钮（分粗调和细调）、电压及电流输出显示窗口、输出正、负极接线柱和接地端等。各类标示明确，使用较简单。

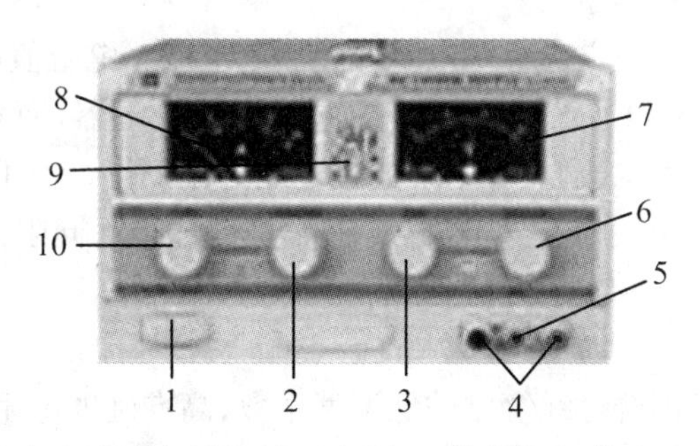

1：电源开关；2：电流粗调；3：电压细调；4：接线柱；5：接地；6：电压粗调；
7：电压显示；8：电流显示；9：电流显示量程选择；10：电流细调

图 2.1.17　DF 直流稳压电源

直流稳压电源使用时应注意：打开电源开关前将电压调节旋钮逆时针转到底（使输出电压最小），电源打开后，根据需求调节电压值；关闭电源前，仍将电压调至最小，再关闭开关。有的稳压电源设有短路保护装置，当输出电流过大或短路时，仪器将自动切断电源，外电路正常后再重新打开恢复供电。

3. 电阻器

电阻器简称电阻，通常用“R”表示，它是电路中使用最多的元件。电阻按阻值特性可分为固定电阻和可变电阻两大类。实验室常见的可变电阻有滑线变阻器、电阻箱及电位器等。电阻的主要参数为阻值、额定电流或额定功率、允许误差等。

(1) 滑线变阻器

滑线变阻器是将电阻丝均匀的绕在绝缘瓷管上制成，有单管滑线变阻器和双管滑线变阻器两种，图 2.1.18 所示为两种实用滑线变阻器。单管滑线变阻器实验中较常用，它有三个接线端，其中一个接线端与滑动触头相连，另两个为固定接线端，当移动滑动触头时，可改变两固定接线端间的阻值。

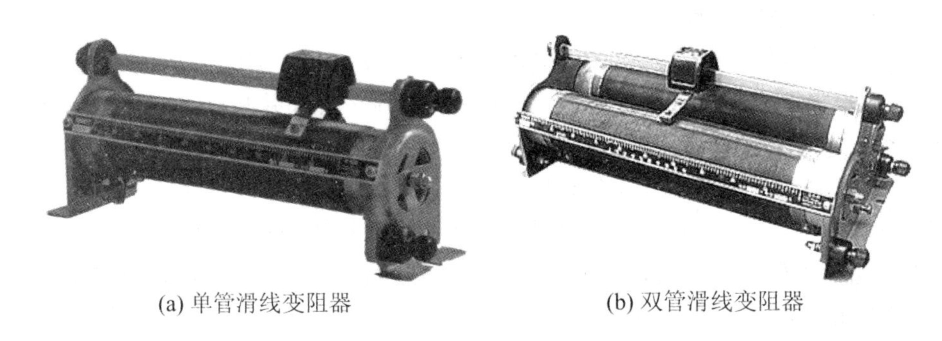

(a) 单管滑线变阻器　　(b) 双管滑线变阻器

图 2.1.18　滑线变阻器

滑线变阻器阻值可连续变化，在电路中的主要作用是限流和分压，其具体电路接法和使用参见第三章实验八。

滑线变阻器的主要技术指标是电阻值和额定电流。电阻值就是两固定端之间的最大电阻值，有 50 Ω，100 Ω，200 Ω 等不同的滑线变阻器，而额定电流是滑线变阻器上允许通过的最大电流，实验中不能超过此电流工作。由于绕线不同，滑线变阻器的额定电流也有较大的差异，根据实验需要可选择不同阻值及额定电流的滑线变阻器。

(2) 电阻箱

电阻箱由一组锰铜合金线绕制的低温度系数、高准确度电阻相串联而构成，它一般情况下有 6 个(或 4 个)电阻值调节旋钮，其最小步进值有 0.1 Ω 和 0.01 Ω 两种，功率为 0.1～0.5 W。电阻箱读数为各挡示值与倍率乘积之和，而各电阻挡的准确度等级一般并不相同，如常用的 ZX21 型电阻箱 6 挡分为 5 个准确度等级(见第一章表 1.2.4)。

电阻箱制作时的绕线方式有单绕线和双绕线两种形式，由于电路有直流与交流之别，单绕线电阻箱在交流电路中除有电阻外，还会产生感抗(不能确定其值大小)，对测量会产生较大影响，因此单绕线电阻箱只能用于直流电路中，故也称为直流电阻箱；而双绕线电阻箱则克服了产生感抗的问题，可用于交直流电路，又称为交直流电阻箱。图 2.1.19 为常用 ZX21 型直流电阻箱的实物图，它的阻值可调范围为 0～99 999.9 Ω。ZX21 型电阻箱为减小仪器接入误差增加了 0.9 Ω 和 9.9 Ω 接线端，供低电阻测量使用。

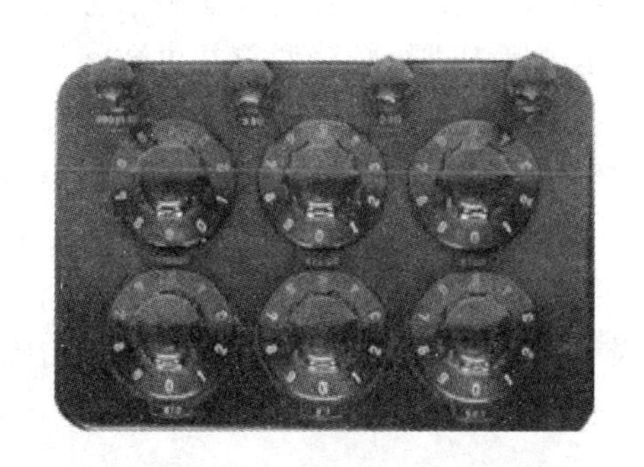

图 2.1.19　ZX21 型直流电阻箱

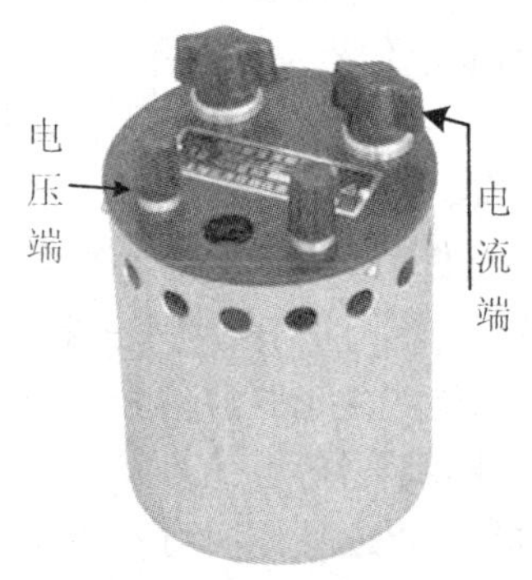

图 2.1.20　标准电阻

(3) 标准电阻

标准电阻通常为固定阻值的电阻，它具有精度高、温度系数低、稳定性好的特点。图 2.1.20 为实验室常用的一种标准电阻实物图。

标准电阻上有四个接线端，分别是两个电流端和两个电压端，其具体使用在后续实验中介绍。标准电阻的规格有很多，其阻值常用的有 0.01 Ω，0.1 Ω，1 Ω，10 Ω，100 Ω 等，实验中可根据需要适当选择。

4. 示波器

示波器是一种用途十分广泛的电子测量仪器，它能把肉眼看不见的电信号变换成看得见的图像，便于人们研究各种电现象的变化过程。利用示波器能观察各种不同信号幅度随时间变化的波形曲线，测试各种不同的物理量，如电压、电流、频率、相位差、调幅度等等。

示波器的种类和型号很多，一般可分为模拟示波器和数字示波器两大基本类型，二者的系统结构和功能原理有明显不同。模拟示波器采用模拟电路，其核心部件是示波管，由示波管电子枪发射的电子经聚焦形成电子束打到屏幕上，屏幕的内表面涂有荧光物质，受电子束轰击而发光。利用数据采集、A/D 转换、软件编程等一系列技术制造出来的数字示波器具有更多功能，它除了可以提供对波形的显示、存储，和信号的分析处理外，还可方便地与计算机连结，进行数据处理、远程传输、打印输出等。示波器按可以接收的信号路数可分为单通道、双通道、三通道、四通道等；按显示屏上可同时显示的波形条数又可分有单踪、双踪、八踪等。

不同型号模拟示波器操作方法大致相同,区别只是面板上各功能键位置有所不同;而数字示波器差别较大,需根据所提供的说明书了解菜单内容进行相应操作。示波器的原理与使用参见第三章实验十二。

5. 低频信号发生器

用于产生各种标准交流测试信号的信号源称信号发生器。在各种测量、调试或研究电子电路及设备时,常需提供符合一定技术条件的电信号。为适应多种测量需求,要求信号发生器不仅能输出多种稳定的波形信号,而且要求输出信号的参数,如频率、波形、输出电压或功率等,能在一定范围内进行精确调节并可数字显示信号参数。

信号发生器最重要的参数之一是信号频率范围。物理实验中多使用低频信号发生器,其产生的信号频率一般可在 1 Hz～1 MHz 范围内连续调节。简单的信号发生器只能产生正弦波信号,而函数信号发生器则可产生正弦波、方波、三角波、锯齿波及脉冲信号等。信号发生器的型号种类很多,但其面板上的功能显示均清晰直观,操作方便,使用时可参阅仪器说明(第三章实验十二)。

【附录】 常用电测仪表和电气元件符号

各种电测仪表的类型、性能、实验条件及其参数等一般在表盘上都有表示,而各类电气元件也都有规定符号。常用电测仪表面板标记和意义及电气元件规定符号分别见表 2.1.1 和表 2.1.2。

表 2.1.1　常用电测仪表面板标记

符　号	意　义	符　号	意　义	符　号	意　义
	磁电式仪表	—	直流	(0.5)	误差为指示值的百分数准确度等级
	电磁式	～	交流	0.5	误差为标尺量程的百分数准确度等级
	静电式		交直流	2 kV	绝缘强度实验电压 2 kV
	整流式	⊥	垂直放置	☆	
	电动式	(—)	水平放置	III	三级防外磁场和电场
	检流式	∠	倾斜放置		接地

表 2.1.2 常用的电气元件符号

名 称	符 号	名 称	符 号
直流电源	− +	交流电源	
固定电阻		一般电感	
电阻箱		有铁芯电感	
滑线变阻器		晶体二极管	
电容		稳压管	
可调电容		晶体三极管	

三、光学实验常用仪器

1. 读数显微镜

读数显微镜是将测微螺旋和显微镜组合起来精确测量长度用的光学仪器,图 2.1.21 所示为常见的读数显微镜。

测量时将被测物置于读数显微镜的载物台上,利用反射镜调节旋钮使形成的反射光束透过被测物射向显微镜系统。测微鼓轮边缘等分为 100 分格,每转 1 圈可使显微镜筒向左(或右)移动 1 mm,其读数方法与千分尺(螺旋测微计)相同,即由显微镜筒后固定标尺上读出毫米的整数部分,而由测微鼓轮读出毫米的小数部分。显然,它的测量准确度是 0.01 mm。用读数显微镜测量长度的步骤是:① 伸缩目镜,看清"十"字叉丝;② 转动调焦旋钮,由下向上移动显微镜筒,使物镜自被测物附近缓慢上升,直至看清被测物;③ 转动测微鼓轮,移动显微镜,使叉丝的交点与被测物一侧对准,记下读数 l_1;④ 继续向同一方向转动,使叉丝的交点与被测物

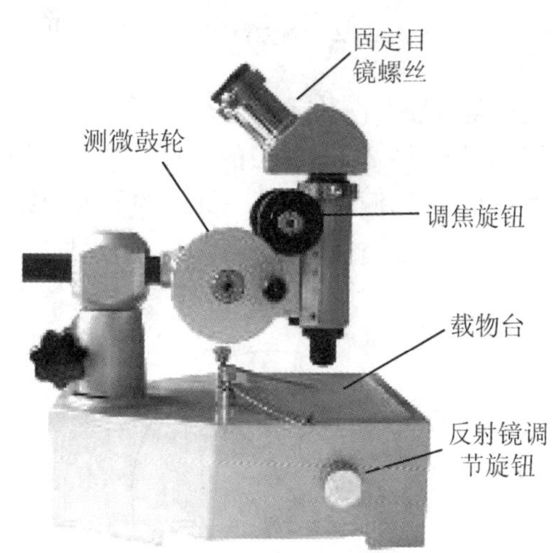

图 2.1.21 读数显微镜

另一侧对准,记下读数 l_2,则两读数之差的绝对值即为所测两点间的距离。读数显微镜横向测量范围一般为 50 mm。

使用读数显微镜要注意:① 调节目镜中叉丝的方位,使被测二点联线与一根叉丝平行(或垂直);② 防止回程误差,即测微鼓轮应在同一转动方向下读出两次读数。如螺旋转动方向中途改变时,会导致螺旋间隙发生变化而导致误差,这称回程误差。

2. 测微目镜

测微目镜又称测微头,一般作为光学仪器设备的附件,也可单独使用。例如,在读数显微镜和调焦平行光管上都装有测微目镜,用于测量非定域干涉条纹的宽度(如双棱镜测波长实验中),或测量光学系统成像大小等。测微目镜量程较小,但准确度较高,其典型结合如图 2.1.22 所示,带有目镜的镜筒利用固定螺丝可将接头套筒与另一物镜相连组成一台显微镜。在测微目镜的读数鼓轮上均匀刻有 100 条线,即分成 100 份,鼓轮转一圈,主尺上准线移动 1 格(1 mm),所以鼓轮每移动 1 格,对应的尺度为 0.01 mm,故其测量准确度与螺旋测微计相同。不同厂家生产的测微目镜装置读数系统略有不同,如图 2.1.23(a)、图 2.1.23(b)所示为两种目镜视场,其中图 2.1.23(a)的主尺读数在视场中,旋转读数鼓轮,视场中的叉丝与两竖线同步移动,测量时,某一标度的位置读数等于视场中整数的毫米值加上鼓轮上的小数位读数值;而图 2.1.23(b)的读数均在视场外,其读数方法与螺旋测微计完全相同。

图 2.1.22 测微目镜

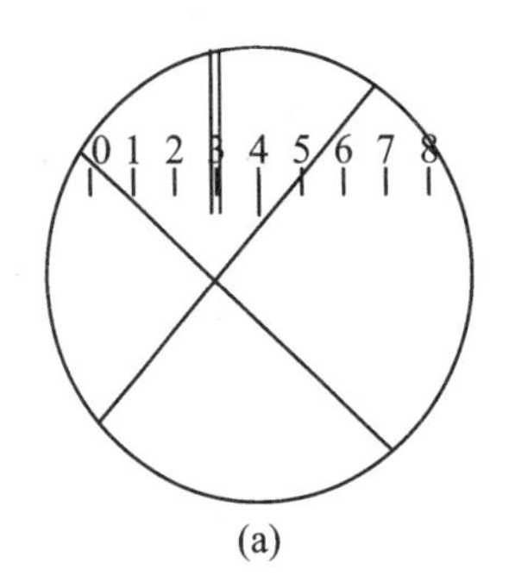

(a)

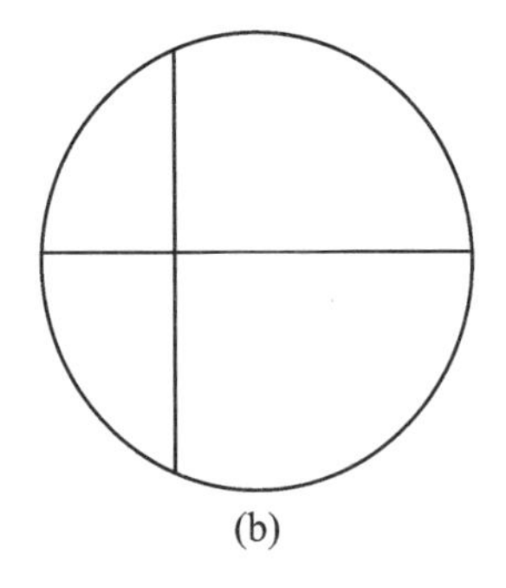

(b)

图 2.1.23 目镜视场

3. 分光计

分光计是一种常用的精密光学仪器，光学实验中常用于观察光谱、测量光谱线波长和偏向角以及测量棱镜角等。分光计的结构较为复杂，操作调节要求较高，对其结构与调节的详细介绍见第三章实验十五。

第二节　物理实验方法

物理实验方法是指依据一定的物理现象、物理规律和原理，确立合适的物理模型，设置特定的实验条件，采用特定的实验设备与技术，观察相关物理现象和物理量的变化，研究物理量之间关系的手段。物理实验方法是前人智慧的结晶，学习和掌握物理实验方法有助于学习者深化对科学实验思想和方法的认识。促进学习者实验能力的提高。

物理实验目的和要求的多样性及研究内容的广泛性决定了物理实验方法的多种多样。实验方法的采用与实验研究对象、实验要求及可利用的实验条件等有着密切联系。实验方法选择得当，可有效地提高实验现象的可观察性及测量结果的准确程度。

不同的实验可有不同的实验测量方法。测量方法的分类有许多种：按被测量取得的方式不同可分为直接测量法、间接测量法和组合测量法；根据测量过程中被测量是否随时间变化，可分为静态测量法和动态测量法；按测量进行方式，可分为比较法、放大法、转换法、模拟法等。本节按测量方式简要介绍物理实验常用方法。

一、比较法

比较法是将被测物理量与同类型标准量进行比较以确定测量值的方法，它是最基本的测量方法之一。从广义的角度，物理实验中很多方法都可归属于比较法，只不过比较的形式有所区别。比较法按比较方式可分为直接比较法和间接比较法两种。

1. 直接比较法

直接比较法是指将待测量与同类物理量的标准量具进行比较而直接获取测量值的方法。例如，用米尺测长度，用秒表测时间等。通常，借助标准仪器对所测物理量的直接测量均可视为直接比较，如用温度计测温度、用电流表测电流强度等。

但液体温度计是利用液体体积的温度变化特性标定的，而磁电系电流表则利用通电线圈在磁场中所受电磁力矩与偏转角关系工作的。

直接比较法的测量精度取决于标准量具或测量仪器的准确度。因此，标准量具和测量仪器应定期校准，还要按照规定条件使用，否则可能产生很大的系统误差。

2. 间接比较法

因很多物理量无法通过直接比较测得，故通常情况下，更多使用间接比较法。即利用物理量间相互关系，将被测量与已知标准量通过测量装置进行比较。间接比较要借助一定的仪器设备即比较系统，并常需经特定的调节或操作才能完成。例如，天平和电桥是常用的比较系统，经调节使系统达到平衡即可完成相应的质量或电阻测量(参阅第三章实验一和实验九)。由于天平平衡对应天平指针指零，电桥平衡对应检流计示数为零，故这种比较也称零示法或平衡测量法。

替代法也是一种比较形式。利用被测量与标准量对某一物理过程的等效作用，以标准量替代被测量得到测量值称替代法。例如，以标准电阻箱取代电路中的待测电阻，调节标准电阻值使电路工作在原状态(电流或电压示数不变)，则电阻箱示值与待测电阻值相等。物理测量中使用替代法，有时可有效地抵偿由于测量仪器不完善而导致的系统误差。例如，为消除天平不等臂的系统误差，可采用替代法：先将被测物放在天平的右盘，在左盘放入平衡物(砝码或其他能连续改变质量的物质)使天平平衡，然后以标准砝码替代右盘被测物，使天平第二次平衡，则由标准砝码的质量得到被测质量。替代法测量时被测量的误差主要由标准量具本身的误差及测量系统的灵敏度决定。

二、放大法

物理实验中常涉及对微小物理量值或物理量的微小变化量的测量，通常可采用放大法。基础物理实验中许多物理量的测量，最终往往都归纳为长度、时间和角度的测量、所以关于长度、时间、角度等的放大是放大法的主要内容。放大法是常用的基本测量方法之一，它一般分为机械放大、光学放大、累积放大和电子放大等形式。

1. 机械放大

机械放大是指借助机械部件结构间几何关系使物理量在测量中经转换放大为直接被测量。例如，测长度的游标卡尺和测角度的角游标利用游标原理进行放大，而基于螺旋放大原理的各种螺旋测微装置已广泛应用于千分尺、读数显微镜、测微目镜等仪器。

2. 光学放大

光学放大有两种：一是借助放大镜、显微镜、望远镜等的视角放大作用直接观察被测量；二是利用特殊镜尺装置将被测量转换为与其相关的放大量进行测量，例如，光杠杆法就是最常用的长度微小变化量的光学放大测量法（参阅第三章实验六）。

3. 累积放大

累积放大是指对某些可重复累积的微小物理量，通过延伸转化为累积量的测量。例如，测单摆周期，通过连续多周期的测量可减小测量误差；而用长度测量工具测量纸的厚度时借助同规格的100张纸厚度的测量比直接测量一张纸的误差要小得多。

4. 电子放大

电子放大是指利用电子技术实现各种微弱电信号的放大。这种方法在电子技术中应用十分广泛。电子放大由电子线路完成，一些弱信号检测和电子示波器中都有电子放大线路。

三、转换法

转换法是根据已知的物理量之间的相互关系和函数形式，将某些因条件所限不能（或不易）直接测量的物理量转化为可以（或易于）测量的物理量进行测量的方法。这也是物理实验常用方法之一。转换法一般可分为参量换测法和能量换测法两种。

1. 参量换测法

参量换测法是利用各物理量在一定实验条件下的相互关系而实现被测量的转换测量的方法。实际上，物理实验中的间接测量都属于参量换测法。

利用参量换测法可把难以直接测准的量转换为易于测准的量。如利用液体静力称衡法测形状不规则固体的密度（参阅第三章实验一），将密度转化为质量和体积的测量，固体的质量可直接用天平测出，而体积则可根据阿基米德原理转化为固体浸没水中所受浮力的测量。实验设计时，有时可将无法直接测出的量通过参量换测法测出。如1798年卡文迪许利用扭秤装置第一个精确测出万有引力常量 g 的数值，被视为“称地球的重量”。此外，利用作图法或直线回归方法，通过截距或斜率确定不易测准的量也是参量换测法的应用。

2. 能量换测法

能量换测法是利用传感器或敏感元件将一种类型的物理量转换成另一种类型的易于测量的物理量的测量方法。由于电学参量具有测量方便快速的特点，且电学仪表易于生产、具有良好的通用性。因此,能量换测法通常都是使被测物理量经传感器或敏感元件转换成电学量进行测量。

下面是实验中常见的转换类型。

① 光电转换:将光强转换为电流、电压或其他电学量。常用转换元件有光电管、光电池、光敏二极管等。各种光电转换器件在测量和控制系统中已获得相当广泛的应用。

② 磁电转换:利用半导体霍耳效应进行磁学量与电学量的转换测量。如利用霍耳元件可将磁感应强度的测量转换为电势差的测量。

③ 热电转换:将热学量转换成电学量进行测量。如根据温差电理论利用热电偶元件可将温度的测量转换为电势差的测量。

④ 压电转换:实现压力和电势间的转换。如利用压电陶瓷的压电效应可将机械波的测量转换为电势差的测量。

⑤ 几何变化量转换为电学量:利用电学元件或参量(如电阻、电容、电感等)对几何变化量敏感的特性,实现对长度、厚度或微小位移等几何量的测量。

四、模拟法

模拟法是根据相似性原理人为地设计、制造出类似被研究对象的物理现象或过程的模型,通过对模型地研究认识被研究对象的实验方法。

模拟法以相似性原理为基础,因此,实验模拟的基本要求是:模拟体(模型)和被模拟的对象之间必须具有相似的物理性质,或两者服从同一物理规律(数学方程相同);模拟装置与被模拟的对象的几何条件、物理条件、边界条件和初始条件等相同或具有可比性(可转换关系)。

模拟法按其性质可分为:几何模拟、物理模拟、计算机模拟等。

1. 几何模拟

几何模拟是将所研究的实物按比例缩小或放大制成模型,以对其物理性能与功能进行实验研究。如几何模拟广泛用于水利、航空、建筑等工程中;物理教学实验中也常用到几何模型等。

2. 物理量的替代模拟

物理模拟的特点是基于模拟量与被模拟量间的一定联系,由模拟量的实验观测可得到被模拟量的物理规律。如物理量的替代模拟是利用物质材料的相似性或其物理性质的可比拟性,以别的物质、材料或别的物理过程对所研究对象实现的模拟实验。如以稳恒电流场模拟静电场的实验研究(参阅第三章实验十一)。而几何相似模型与动力相似物理条件相结合,则是研究实物模型物理性质的重要手段,在水利、航空、建筑等各类工程技术上已广泛应用。

根据物理规律数学表述的相似性，还可采用使原型和工作方式都改变的替代模拟，如用 RLC 串联电路模拟受迫振动的机械系统的电路类比模拟。

3. 计算机模拟

通过计算机模拟（仿真）物理现象和物理过程，即实现实验的计算机模拟。计算机模拟（仿真）真实物理系统的物理过程在科学研究中应用十分广泛，如模拟微观粒子系统的运动。物理实验教学中，计算机仿真物理实验的应用已日益普遍。

五、补偿法

利用测量系统中的补偿装置产生一种效应，该效应补偿（或抵消）了被测装置（或被测量）测量过程中的某种效应，这种测量方法称补偿法。

物理实验中进行测量时，往往要联入测量的仪表。如在测量电路中的电流时需在电路中串入一个电流表，在测电路中某两点之间的电压时要在这两点并联入一个电压表。在原有电路中串入电流表和在电路中某两点并入电压表，都改变了原有电路的结构，使电路或电路的某一部分的电阻因联入电流表和电压表后变大或变小，因而所测的电流和电压就有别于原来电路中的电流和电压。为了使测得的结果与原电路中的数值相符合，可应用补偿法设计补偿装置，使联入测量装置之后和联入测量装置之前实验中要测的物理量保持不变，或测量的结果和未联入之前是一致的。在物理实验中补偿法应用较为普遍，如用电势差计测电动势就是基于（电压）补偿法（参阅第三章实验十）。由于补偿法与零示法（或称平衡法）紧密结合，故有时也被划归比较法。

第三章　基础性实验

实验一　长度和质量及密度的测定

长度和质量是最基本的物理测量，很多间接物理量的测量也都以它们的测量为基础。米尺、游标卡尺和螺旋测微计等是最普通的长度测量仪器，由于米尺测量准确度较低，实验室常用游标卡尺和螺旋测微计测量长度。天平是质量测量的基本仪器，它的种类很多，物理实验室最常用的是物理天平。

密度是反映物质内在特性的一个重要物理量，在生产和科学实验中，为了对材料成分进行分析和纯度鉴定，常需要测量各种材料的密度。密度测量涉及对被测物体质量和体积的测定，质量可用天平测量，几何形状规则的固体，其体积可利用长度测量间接求出，但对液体和形状不规则的固体，确定其体积需采用一些特殊方法，由此衍生出密度测量的多种方法，其中，液体静力称衡法和比重瓶法是常用的两种方法。

本实验旨在通过对物质密度的测量，使学生在理解并熟练掌握密度测量常用方法的同时，熟练掌握长度和质量基本测量仪器的结构、原理及使用方法（有关游标卡尺、螺旋测微计及天平的结构与使用参阅第二章）。

【实验目的】

① 掌握游标卡尺、螺旋测微计的测量原理及使用方法。

② 掌握天平的调节及使用方法。

③ 掌握用液体静力称衡法和比重瓶法测物质密度。

【仪器和用具】

游标卡尺，螺旋测微计，物理天平，比重瓶，烧杯，细线，待测固体（形状规则和不规则）和液体，温度计等。

【实验原理】

设体积为 V 的物体的质量为 m，则该物体的密度 ρ 定义为：

$$\rho=\frac{m}{V} \tag{3.1.1}$$

其中，质量 m 可用天平测出。体积 V，对形状规则的几何体可根据其体积公式转化为有关长度测量，如长 L、直径为 d 的圆柱体，其密度由式(3.1.1)知为

$$\rho=\frac{4m}{\pi d^2 L} \tag{3.1.2}$$

而对形状不规则的固体及液体，其体积则需采用特殊方法测量。

液体静力称衡法和比重瓶法是测物质密度的两种常用方法，其本质是利用水的密度已知，将对被测物的体积测量转化为对有关质量的测量。

1. 用液体静力称衡法测固体密度

设被测固体不溶于水且密度比水大，用天平测得质量为 m_1，而用细线将其悬吊在水中(完全浸没)天平测量值为 m_2。根据阿基米德定律，该固体浸没水中所受浮力为：

$$F_{浮}=m_1 g-m_2 g=\rho_0 gV$$

式中 ρ_0 为当时温度下水的密度，g 为重力加速度，V 为物体排开水的体积，也即待测固体的体积。因此，待测固体体积为：

$$V=\frac{m_1-m_2}{\rho_0}$$

代入式(3.1.1)，即得待测固体密度

$$\rho=\frac{m_1}{m_1-m_2}\rho_0 \tag{3.1.3}$$

2. 用比重瓶法测液体密度

实验所用比重瓶如图 3.1.1 所示。比重瓶注满液体后，用中间有毛细管的玻璃塞子塞住时，则会有多余的液体从毛细管溢出，这样比重瓶内液体的体积是一固定值。

测量液体密度时，先用天平称出空比重瓶的质量 m_0，然后再分两次将温度相同(均室温)的待测液体和纯水分别注满比重瓶，用天平测得注满待测液体的比重瓶质量 m_1 及注满纯水的比重瓶质量 m_2。显然，质量为 m_1-m_0 的待测液体与质量为 m_2-m_0 的纯水的体积相同，故可导得待测液体密度为：

$$\rho=\frac{m_1-m_0}{V}=\frac{m_1-m_0}{m_2-m_0}\rho_0 \tag{3.1.4}$$

图 3.1.1　比重瓶

【实验内容与步骤】

1. 测形状规则固体体积

① 用游标卡尺测圆柱体的直径和长,重复测 6 次,计算其体积及测量不确定度。

② 用螺旋测微计测钢珠的直径,重复测 6 次,计算其体积及测量不确定度。

2. 用液体静力称衡法测形状不规则固体密度

① 熟悉物理天平的结构,按正确的调节步骤调好天平(参阅第二章)。

② 用天平测出被测固体质量 m_1,利用复称法分析不等臂系统误差的影响并作必要的修正。

③ 把盛有大半杯水的烧杯放在杯托盘上,将拴住被测物体的细线挂在天平左边小钩上,使物体全部浸入水中(注意不要让物体接触杯子),用天平测得 m_2。

④ 用温度计测得水温,从附表查出水的密度。

⑤ 计算被测固体密度和测量不确定度 $u(\rho)$。

计算不确定度时忽略 $\rho_水$ 的不确定度,且 m_1 和 m_2 的测量不确定度可认为相等。

3. 用比重瓶法测液体密度

① 用天平称出空比重瓶质量 m_0。

注意比重瓶内外都应干燥,否则需烘干。

② 称出比重瓶盛满待测液体时的质量 m_1。

③ 倒出比重瓶内待测液体后,用纯水将瓶清洗干净,再装满纯水并测得 m_2。

④ 计算待测液体的密度及测量不确定度。

【数据记录与处理】

1. 测形状规则固体体积

(1) 圆柱体体积的测定

表 3.1.1 圆柱体体积测量数据表

量具:游标卡尺　　分度值:0.02 mm　　$\Delta_仪$=0.02 mm　　单位:mm

测量次数 i	1	2	3	4	5	6	测量平均值
直径 d							$\bar{d}$=
长 L							$\bar{L}$=

直径:

标准差　　$$S(\bar{d}) = \sqrt{\frac{1}{n(n-1)}\sum_{i=1}^{n}(d_i - \bar{d})^2} = \cdots$$

不确定度　　$u(d)=\sqrt{u_A^2(\bar{d})+u_B^2(d)}=\sqrt{S^2(\bar{d})+\left(\frac{\Delta_{仪}}{\sqrt{3}}\right)^2}=\cdots$

长：

标准差　　$S(\bar{L})=\sqrt{\frac{1}{n(n-1)}\sum_{i=1}^{n}(L_i-\bar{L})^2}=\cdots$

不确定度　　$u(L)=\sqrt{u_A^2(\bar{L})+u_B^2(L)}=\sqrt{S^2(\bar{L})+\left(\frac{\Delta_{仪}}{\sqrt{3}}\right)^2}=\cdots$

圆柱体体积测量值　　$\bar{V}=\frac{\pi}{4}\bar{d}^2\bar{L}=\cdots$

由不确定度传递公式(1.2.19)，可导出圆柱体体积的标准不确定度为

$$u(V)=\bar{V}\sqrt{\left[\frac{2u(d)}{\bar{d}}\right]^2+\left[\frac{u(L)}{\bar{L}}\right]^2}=\cdots$$

圆柱体体积测量结果　　$V=\bar{V}\pm u(V)=\cdots$

(2) 钢珠体积的测定

表 3.1.2　钢珠体积测量数据表

螺旋测微计零点读数＝　　　量程＝　　　$\Delta_{仪}=0.004$ mm　　　单位：mm

测量次数 i	1	2	3	4	5	6	平均值	测量值(零点修正后)
直径 d								$\bar{d}=$

数据处理方法同上。

2. 用液体静力称衡法测固体密度

天平规格：型号________；最大称量________g；分度值________g。

固体质量(复称法)：

$$m_{1左}=\_\_\_\_\_\_\text{g};\quad m_{1右}=\_\_\_\_\_\_\text{g};\quad m_1=\frac{m_{1左}+m_{1右}}{2}=\_\_\_\_\_\_\_\_\text{g}。$$

浸没水中测量值 $m_2=$____g（如前述交换测量结果差异较大，则需用复称法修正）。

水温 $t=$____℃；查表 F1.2 得水密度 $\rho_0=$________ kg/m³。

固体密度测量值：$\bar{\rho}=\frac{m_1}{m_1-m_2}\rho_0=$________ kg/m³。

忽略水的密度的不确定度，则由不确定度传递公式可导得静力称衡法测固体密度的相对标准不确定度为

$$\frac{u(\rho)}{\bar{\rho}}=\frac{m_2}{m_1-m_2}\sqrt{\left[\frac{u(m_1)}{m_1}\right]^2+\left[\frac{u(m_2)}{m_2}\right]^2} \tag{3.1.5}$$

其中各 m_i 的测量不确定度可认为相同，取天平分度值为 $\Delta_{天平}$，则有

$$u(m)=u_B(m)=\frac{\Delta_{天平}}{\sqrt{3}}$$

固体密度测量结果：

$$\rho=\bar{\rho}\pm u(\rho)=\underline{\qquad\qquad}\ \mathrm{kg/m^3}$$

3. 用比重瓶法测液体密度

用比重瓶法即采用式(3.1.4)测液体密度的相对标准不确定度由下式计算：

$$\frac{u(\rho)}{\rho}=\left\{\left[\left(\frac{1}{m_2-m_0}-\frac{1}{m_1-m_0}\right)u(m_0)\right]^2+\left[\frac{u(m_2)}{m_2-m_0}\right]^2+\left[\frac{u(m_1)}{m_1-m_0}\right]^2\right\}^{1/2} \tag{3.1.6}$$

推导时已忽略水的密度的不确定度。

其他数据处理方法与上述静力称衡法相同。

【思考题】

① 能否用静力称衡法测液体的密度？如能，请写出测量步骤。

② 如何用比重瓶法测出一堆形状不规则的金属颗粒的密度？

③ 如果待测固体不溶于水但密度比水小，能否用静力称衡法测出此固体的密度？

④ 某长方体，长约 20 cm，宽约 2 cm，厚约 0.2 cm，为使其体积的测量结果有 4 位有效数字，应如何选用测量仪器？

⑤ 试利用不确定度传递公式导出式(3.1.5)和式(3.1.6)。

实验二　用三线摆测物体的转动惯量

转动惯量是物体转动惯性的量度。物体对某轴的转动惯量的大小，取决于物体的质量、形状和转轴的位置。对于质量分布均匀，外形规则的物体可根据其外形尺寸和质量分布特点直接计算出它绕某轴的转动惯量，而外形复杂和质量分布不均匀的一般只能由实验测得。测定转动惯量的实验方法很多，如转动法、扭摆法、三线摆法等，本实验学习用三线摆法测物体绕固定轴的转动惯量。

【实验目的】

① 掌握三线摆测定物体转动惯量的原理和方法。

② 验证刚体转动惯量的平行轴定理。

【仪器和用具】

三线摆，米尺，游标卡尺，物理天平，秒表，水平仪，待测物。

【实验原理】

1. 转动惯量的测量

三线摆如图 3.2.1 所示，它是将半径不同的二个刚性圆盘用三条等长的无弹性的细线联结而成，三条细线的上、下端点分别位于上、下盘同心圆上的等边三角形顶点处。上部小圆盘可绕自身的垂直轴转动，通过调节三线摆支架及三条悬线的长度，可使二圆盘面均成水平且二圆心在同一垂直线 O_1O_2 上。下盘可绕中心轴线 O_1O_2 扭转，其扭转周期 T 和下盘的质量分布有关，当改变下盘的转动惯量和其质量的比值，即改变其质量分布时，扭转周期将发生变化。三线摆就是通过测量它的扭转周期去求出任一质量已知物体的转动惯量。如图 3.2.2 所示，设匀质下圆盘的质量为 m，当它绕 O_1O_2 作一微小角度 θ 扭动时，圆盘的位置升高 h，A 点转动到 A' 处，B 点在圆盘上的投影点由 C 上升到 C'，O_2 点则上升到 O_2' 点，设下圆盘的势能增量为 ΔE_p，则

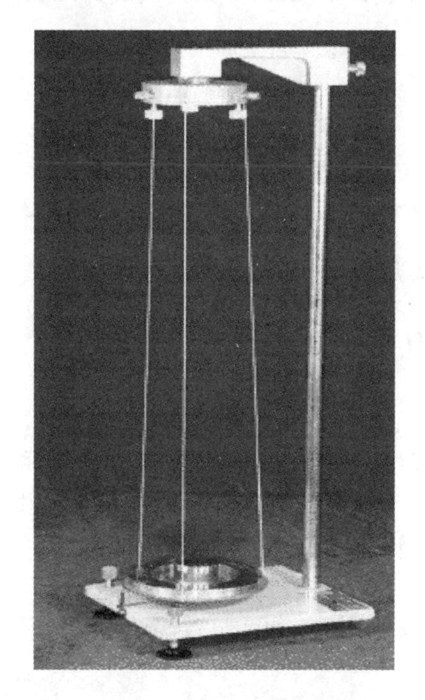

图 3.2.1　三线摆

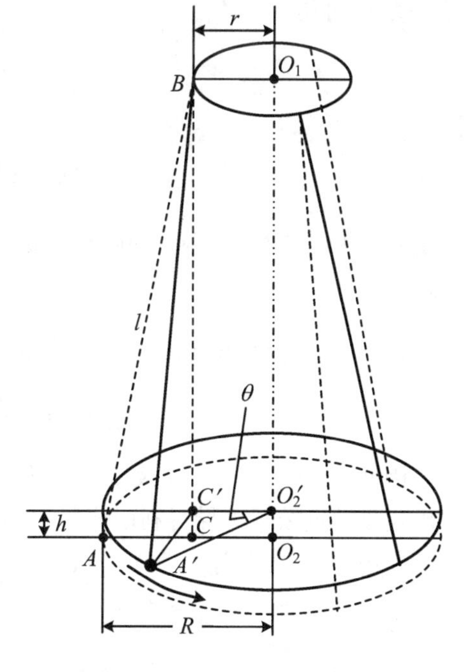

图 3.2.2　三线摆几何参数

$$\Delta E_p = mgh \tag{3.2.1}$$

这时圆盘的角速度为 $\mathrm{d}\theta/\mathrm{d}t$,它的动能 E_k 为

$$E_k = \frac{1}{2} I_0 \left(\frac{\mathrm{d}\theta}{\mathrm{d}t}\right)^2 \tag{3.2.2}$$

式(3.2.2)中,I_0 为圆盘对轴 O_1O_2 的转动惯量,忽略摩擦力,由机械能守恒定律知:

$$\frac{1}{2} I_0 \left(\frac{\mathrm{d}\theta}{\mathrm{d}t}\right)^2 + mgh = 常数 \tag{3.2.3}$$

如弦长为 l,上下圆盘悬点到中心距离分别为 r 和 R,则当下圆盘转一角度 θ 时,有

$$A'C'^2 = R^2 + r^2 - 2rR\cos\theta$$

设 $O_1O_2 = H$,则 $O_1O_2' = H - h$,因

$$l^2 = (R-r)^2 + H^2$$

且

$$l^2 = (R^2 + r^2 - 2rR\cos\theta) + (H-h)^2$$

综上可得

$$2Hh - h^2 = 4rR\sin^2\frac{\theta}{2}$$

当 θ 角很小时,$H \gg h$,$\sin^2(\theta/2) \approx (\theta/2)^2$,则 $h \approx Rr\theta^2/2H$,将 h 代入式(3.2.3)并对 t 微分,可得

$$I_0 \frac{\mathrm{d}\theta}{\mathrm{d}t}\frac{\mathrm{d}^2\theta}{\mathrm{d}t^2} + mg\frac{Rr}{H}\theta\frac{\mathrm{d}\theta}{\mathrm{d}t} = 0$$

即

$$\frac{\mathrm{d}^2\theta}{\mathrm{d}t^2} + \frac{mgRr}{I_0H}\theta = 0 \tag{3.2.4}$$

这是简谐振动方程,该振动的圆频率 ω_0 的平方应等于

$$\omega_0^2 = \frac{mgRr}{I_0H}$$

则由振动周期 T_0 与圆频率 ω_0 的关系可以得出

$$I_0 = \frac{mgR \cdot r \cdot T_0^2}{4\pi^2 H} \tag{3.2.5}$$

因此,测出 m、R、r、H 及 T_0,就可由(3.2.5)式求出圆盘的转动惯量 I_0。根据不确定度传递公式可导得利用式(3.2.5)测量转动惯量的相对不确定度为

$$\frac{u(I_0)}{I_0} = \sqrt{\left[\frac{u(m)}{m}\right]^2 + \left[\frac{u(R)}{R}\right]^2 + \left[\frac{u(r)}{r}\right]^2 + \left[\frac{u(H)}{H}\right]^2 + \left[\frac{2u(T_0)}{T_0}\right]^2} \tag{3.2.6}$$

显见,周期测量的相对不确定度对测量结果有较大影响,为减小周期测量误差,应

由连续多个(比如 50 个)周期的测量值确定周期值。

注意:

① 式(3.2.5)中 r 和 R 为上下圆盘的三个悬挂点所组成三角形的外接圆半径,而不一定是上下圆盘实际半径。

② 式(3.2.5)中的 H 为两圆盘间的垂直高度,不是弦线的长度。

③ 测量时为避免下圆盘出现前后左右的晃动,应轻轻扭动上部小圆盘带动下盘摆动。

利用三线摆也可测出其他物体的转动惯量,方法是在下盘放上另一个质量为 m' 的物体,并使其质心落在 O_1O_2 轴上,设该物体对 O_1O_2 轴的转动惯量为 I,放上后测得摆周期为 T,根据式(3.2.5)知

$$I + I_0 = \frac{(m + m')gR \cdot r}{4\pi^2 H}T^2 \tag{3.2.7}$$

则由式(3.2.5)和式(3.2.6)可得

$$I = \frac{gR \cdot r}{4\pi^2 H}[(m' + m)T^2 - mT_0^2] \tag{3.2.8}$$

2. 转动惯量平行轴定理的验证

根据刚体转动惯量的平行轴定理:若质量为 M 的刚体对过质心轴的转动惯量为 I_c,则对与质心轴平行相距 d 的另一轴的转动惯量为:

$$I = I_c + Md^2 \tag{3.2.9}$$

可以用实验验证这一定理。将两个相同的圆柱体,对称地置于三线摆下圆盘上(图 3.2.3),圆柱体中心到下圆盘中心 O 的距离均为 d。设圆柱的质量为 m_1,对其质心轴的转动惯量为 I_1,则根据平行轴定理,如图放置圆柱体时下圆盘与圆柱体系统绕三线摆中心轴线的转动惯量为

$$I_0 + 2(I_1 + m_1 d^2)$$

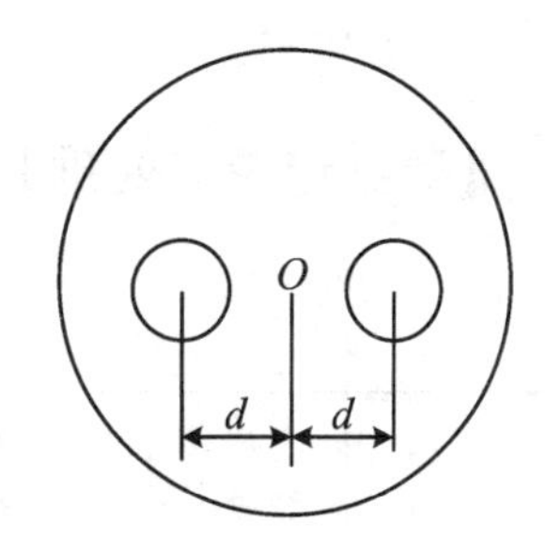

图 3.2.3　验证平行轴定理

系统总质量为 $m+2m_1$,则由式(3.2.5)可知此时对应的周期平方为

$$T^2 = \frac{4\pi^2 H}{(m + 2m_1)gR \cdot r}[I_0 + 2(I_1 + m_1 d^2)]$$

上式可写为

$$T^2 = \frac{4\pi^2 H}{(m + 2m_1)gR \cdot r}(I_0 + 2I_1) + [\frac{8\pi^2 m_1 H}{(m + 2m_1)gR \cdot r}]d^2 \tag{3.2.10}$$

令

$$a = \frac{4\pi^2 H}{(m + 2m_1)gR \cdot r}(I_0 + 2I_1), \qquad b = \frac{8\pi^2 m_1 H}{(m + 2m_1)gR \cdot r}$$

显然,a 和 b 均为常量,故式(3.2.10)表明 T^2 与 d^2 成线性关系,a 和 b 对应该直线的截距和斜率。测量时,从 $d=0$ 开始改变圆柱体的位置,测出各个 d 对应的周期 T 值,作 $T^2 \sim d^2$ 直线。由式(3.2.10)可知,该直线的截距和斜率的比值

$$\frac{a}{b} = \frac{I_0 + 2I_1}{2m_1} \tag{3.2.11}$$

【实验内容与步骤】

① 用水平仪调节三线摆上下圆盘的水平。

② 测量两圆盘间的高度 H、上下圆盘的 r 和 R 以及下圆盘的实际半径 b。

③ 测量圆盘扭转周期 T,根据公式(3.2.5)计算出下圆盘的转动惯量 I_0。

测量周期时注意应使下盘做小角度扭转振动,且不能出现前后、左右的摆动。

④ 测量待测圆环对过环心垂直环面轴的转动惯量 I。

安置待测圆环时,应注意使它与下圆盘同心。则用公式(3.2.7)算出系统的转动惯量 $I+I_0$ 后可求得 I。

⑤ 分别比较圆盘及圆环转动惯量测量值与理论值的差异(计算相对误差)。

⑥验证转动惯量的平行轴定理。

检验 $T^2 \sim d^2$ 线性关系是否成立,计算该直线截距和斜率比值的理论值[式(3.2.11)]与实验值的相对误差。

*⑦ 分析⑤和⑥的测量结果与理论值的差异是否超过测量误差范围,若差异较大,讨论其原因。

【数据记录与处理】

表 3.2.1　转动惯量测量数据

单位(除注明外):cm

项目 / 次数	上圆盘悬线悬点间距离			下圆盘悬线悬点间距离			圆盘实际直径 $2b$	圆柱体直径 2ρ	圆环		圆盘振动50周期(s)	圆盘及圆环系统振动50周期(s)
	a_1	a_2	a_3	c_1	c_2	c_3			内直径 $2R_1$	外直径 $2R_2$		
1												
2												
3												
平均值												

上下两圆盘垂直距离 $H=$______m。

圆盘质量 $m=$______kg;圆环质量 $m'=$____kg;圆柱体质量 $m_1=$____kg。

仪器误差限：

$\Delta_{天平}=$____g；　$\Delta_{米}=0.5$ mm；　$\Delta_{游标}=0.02$ mm；　$\Delta_{秒表}=$____s。

表 3.2.2　圆盘及圆柱体系统振动测量数据

距离 d(cm) / 50T(s) / 次　数	2.00	2.50	3.00	3.50	4.00	4.50
1						
2						
3						
平　均　值						
周　　期 T(s)						

由三角关系可得上下圆盘半径分别为

$$\bar{r}=\frac{\bar{a}}{\sqrt{3}}$$

$$\bar{R}=\frac{\bar{c}}{\sqrt{3}}$$

由式(3.2.5)和式(3.2.7)分别算得圆盘和圆环转动惯量的测量值

$$\overline{I_0}=\frac{mg\bar{R}\cdot\bar{r}\cdot\overline{T_0}^2}{4\pi^2\bar{H}}$$

$$\bar{I}=\frac{g\bar{R}\cdot\bar{r}}{4\pi^2\bar{H}}[(m'+m)\bar{T}^2-m\,\overline{T_0}^2]$$

而圆盘和圆环转动惯量的理论值分别为

$$I_0=\frac{1}{2}mb^2$$

$$I=\frac{1}{2}m'(R_1^2+R_2^2)$$

各测量值 $\bar{N}$ 与理论值 N_t 的相对误差由下式计算

$$E_r=\frac{|\bar{N}-N_t|}{N_t}\times 100\% \tag{3.2.12}$$

关于对各测量量不确定度的估计及相关数据的分析讨论自行拟定。

【思考题】

① 将一半径小于下圆盘半径的圆盘放在下圆盘上，并使中心一致，试讨论此时三线摆的周期和空载时的周期相比是增大、减小，还是不一定？说明理由。

② 能否考虑一测量方案，测量一个具有轴对称的不规则形状的物体，相对于

对称轴的转动惯量?

③ 根据转动惯量测量的相对不确定度关系式(3.2.6)和实际装置特点,说明应如何合理选择各直接测量量的测量工具?

④ 你是否能用其他方法验证平行轴定理?

实验三　随机误差的统计规律

在相同的实验条件下,对同一物理量的多次重复测量(等精密度测量)所得的数据不可能完全相同,而是表现为在某一值附近的波动,这是由随机误差(也常称偶然误差)造成的。随机误差是多项偶然因素的综合作用结果,虽然就测量值个体而言是不确定的,但在相同的条件下,对同一物理量测量次数足够多时,随机误差服从正态分布规律。实际实验中,对一个物理量的多次等精度测量结果是否遵循正态分布规律的分析,需采用统计方法加以检验。

【实验目的】

① 通过对单摆周期测量值的分析,认识随机误差的统计规律性。

② 学习运用统计方法分析物理量的统计规律。

【仪器和用具】

单摆,秒表。

【实验原理】

相同的实验条件下对同一物理量每次测量的随机误差是不确定的。例如,采用手控计时多次重复测量单摆周期时会发现每次所测得的周期多有不同,对其中的任意一次测量而言,测量值误差的大小和符号是不确定的,但就众多测量值总体而言,误差大小和符号正负的分布却有一定的规律。大量实践和理论表明,在一定的条件下对某一物理量重复多次测量时,随机误差具有如下特点:

① 绝对值小的误差比绝对值大的误差出现的机会多;绝对值相等,符号相反的误差的出现机会相等。

② 测量值平均值 $\bar{x}$ 和标准偏差 $S(x)$ 将随测量值个数 n 的增加而趋于稳定值。

③ 一定的测量条件下,随机误差的绝对值不会超过一定界限,且随机误差的算术平均值随测量次数的增加而越来越趋于零。

上述特点意味着等精密度测量条件下,大量测量值的分布和正态分布接近。

对多次重复测量的实验数据的随机误差分析可采用统计直方图,它简便、直观,可粗略地描述所研究对象的统计分布规律。为了显示测量值的分布规律,测量的次数必须足够多。将测得的数据按大小划分为若干个区间,再统计落入每个区间的数据个数,这个数据个数就称为频数。频数除以数据个数的总数称为相对频数或频率。频率除以区间宽度称为频率密度。

在作统计直方图前,应先对测量值进行数据分析。由于测量中可能存在的过失,如读数或计算错误以及操作不当等,导致测量数据中可能存在过大或过小的异常数据。对这些不良数据可借助误差理论通过数据分析发现并剔除。理论上有若干个判断异常数据的准则,如拉依达准则、格罗布斯准则、肖维涅准则等。在测量值个数 n 较大时($n>100$),拉依达准则因其简明且效果与肖维涅准则相近而常用。本实验采用拉依达准则判别测量数据。

拉依达准则又称 $3S$ 准则,该准则基于如下事实:按照数理统计,对于服从正态分布的偶然误差出现在 $\pm 3S$ 区间内的概率为 99.73%,因此如用平均值代替真值,则测量数据落在 $\bar{x}\pm 3S$ 区间内的可能性为 99.73%,故对出现在这一区间外的数据可判断为不良数据而舍弃。

对通过检验的测量数据可按下述步骤作出统计直方图:

① 找出数据的最小值 A 和最大值 B。

② 将$[A,B]$等分为 M 个区间,则区间宽度 E 为:

$$E=\frac{B-A}{M}$$

③ 统计每个区间的数据个数即出现的频数 n_i 和相对频数 n_i/n ($i=1,2,\cdots,M$, n 为数据总数),并计算相对频数和区间宽度的比值 $n_i/(nE)$,此比值即频率密度。以频率密度为纵坐标,以测量值为横坐标,则可作出统计直方图。

对测量数据的统计示例见表 3.3.1。根据表 3.3.1 即可作出如图 3.3.1 所示的统计直方图。表 3.3.1 中区间宽度 E 取值较测量值多留一位数字,这是为避免那些正好落在分区边缘上的数据导致统计上产生困难。

表 3.3.1 中频率密度 $Y=n_i/(nE)$,统计直方图的纵坐标取频率密度是为了和正态分布概率密度函数曲线相比较。正态分布的概率密度函数 y 为

$$y_i=\frac{1}{S\sqrt{2\pi}}\mathrm{e}^{-\frac{(x_i-\bar{x})^2}{2S}} \tag{3.3.1}$$

式中 $\bar{x}$ 为测量值的平均值,即

$$\bar{x}=\frac{\sum x_i}{n} \tag{3.3.2}$$

表 3.3.1 测量数据统计

$n=100$, $A=1.913$, $B=2.104$, $M=9$, $E=0.0212$, $\bar{x}=2.009$, $S=0.040$

i	1	2	3	4	5	6	7	8	9
n_i	3	6	12	19	21	18	11	7	3
$\frac{n_i}{n}$	0.03	0.06	0.12	0.19	0.21	0.18	0.11	0.07	0.03
X	1.913～1.934	1.934～1.955	1.955～1.977	1.977～1.998	1.998～2.019	2.019～2.041	2.041～2.062	2.062～2.083	2.083～2.104
Y	1.42	2.83	5.66	8.96	9.91	8.49	5.19	3.30	1.42

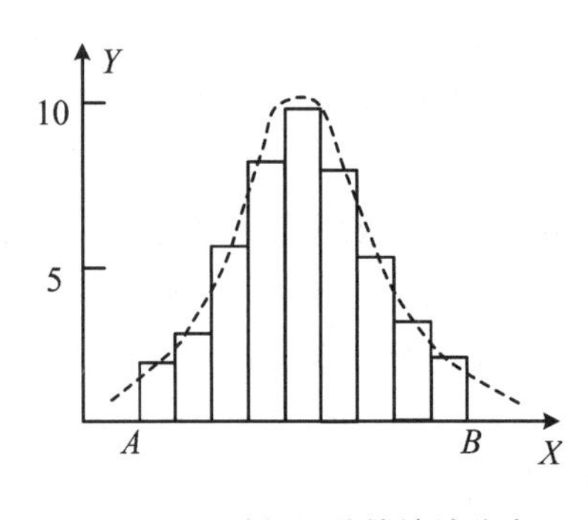

图 3.3.1 随机误差的统计分布

而 S 为测量列的标准偏差，可由下式算出

$$S=\sqrt{\frac{\sum(x_i-\bar{x})^2}{n-1}} \tag{3.3.3}$$

图 3.3.1 中的点线构成的曲线，就是以该次测量的平均值 $\bar{x}$ 和标准偏差 S 为参数，描出的正态分布概率密度函数曲线，从图中可看出该次测量值的分布和正态分布是比较一致的。实际上，如重复测量次数越多，则区间宽度可越小，当测量数据数目 $n\to\infty$ 时区间宽度可趋于无穷小，于是统计直方图的上边缘直线就会转化为一条光滑的曲线，此即随机误差的概率密度分布曲线。

【实验内容与步骤】

1. 测单摆的周期

当摆长不变且摆的幅角保持一定时，摆的周期恒定。用秒表测单摆单次摆动的周期，测量数据的涨落反映了观察者手控计时产生的随机误差，测量次数应不少于 110 次。

注意：研究随机误差的规律性，要求测量值的系统误差尽量小，因而在测量时对每次测量都要认真，不要人为地有意选择数据，也不要在发现有些数据测小或测大时，有意地改变数据。测量时应尽量保持振幅的稳定。

2. 数据分析

① 先取 100 个测量值，按式(3.3.2)和式(3.3.3)计算周期平均值 $\bar{x}$ 及测量列标准偏差 S。

② 利用拉依达准则对测量值检验，如发现有数值在 $\bar{x}\pm3S$ 范围以外的数据则予以剔除，并以备用数据补缺，以凑足 100 个数据。

③ 重复上述两个步骤，直至所取 100 个数据全落在于 $\bar{x}\pm3S$ 区间内为止。

3. 作统计直方图

① 对测量值进行统计，将统计结果填入表中(表 3.3.1)。

② 作出统计直方图。

4. 统计分布规律分析

统计测量值落在 $\bar{x}\pm S$、$\bar{x}\pm2S$ 和 $\bar{x}\pm3S$ 范围内数据占总数的百分比，并将统计直方图与正态分布的概率密度曲线作比较。

【思考题】

① 什么是统计直方图？什么是正态分布曲线？两者有何关系与区别？

② 如果所测得的一组数据，其离散程度比表中数据大(即 S 比较大)，则所得到的周期平均值是否也会差异很大？

实验四　气轨上滑块的运动

力学实验中，摩擦力的存在使实验结果的分析处理变得很复杂，采用气垫技术，可以大大减小实验中摩擦力带来的误差。气垫导轨系统由导轨、滑块、气源和光电门组成(参见本实验附录)，导轨一端封闭，另一端为进气嘴，导轨表面有一排排小孔，压缩空气从小孔喷出时，在置于导轨上的滑块与导轨表面间形成一层很薄的“气垫”，使滑块浮起在导轨上作近似无摩擦的运动。因此，利用气垫导轨可提高力学实验的准确度。

滑块运动速度和加速度的测定是气垫导轨实验的最基本测量，也是利用气垫导轨进行其他力学实验研究的基础。本实验学习气垫导轨上测量速度和加速度的方法，同时，为进一步减小实验误差，对滑块运动时空气阻力的影响进行实验研究。

【实验目的】

① 熟悉气垫导轨的调整和使用。

② 掌握气垫导轨上测量速度和加速度的方法。

③ 学习测滑块黏性阻尼常量的方法。

【仪器和用具】

气垫导轨,光电门,数字毫秒计,游标卡尺,气源,天平。

【实验原理】

1. 速度的测量

数字毫秒计光控置 s_2 挡,当装有如图 3.4.1 所示 U 形挡光片的滑块通过光电门处时,数字毫秒计显示出相距 Δx 的两挡光前沿通过光电门的间隔时间 Δt,故知滑块通过光电门的平均速度 $\bar{v}$ 为

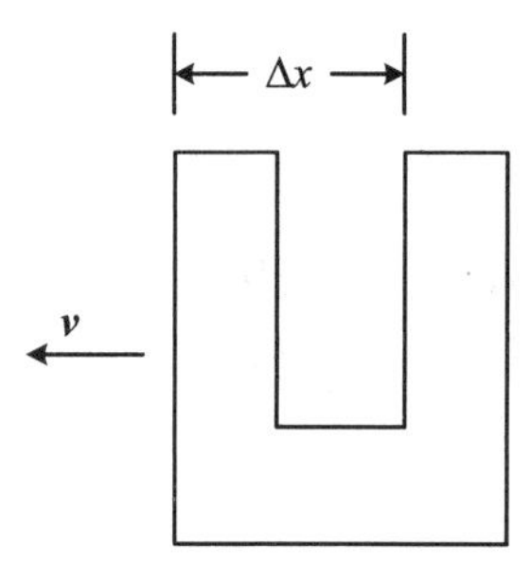

图 3.4.1　U 形挡光片

$$\bar{v}=\frac{\Delta x}{\Delta t} \tag{3.4.1}$$

由于 Δx 较小,在 Δx 范围内滑块的速度变化也较小,故常以 $\bar{v}$ 为滑块经过光电门的瞬时速度近似。由于瞬时速度是时间间隔 Δt 趋于零时平均速度的极限值,因此,Δt 越小(相应的 Δx 也越小),理论上平均速度越接近瞬时速度,但这导致 Δt 测量误差变大,因此不宜用 Δx 过小的挡光片。

数字毫秒计光控如置 s_1 挡,显示的是平板形挡光片经光电门时连续挡光时间 Δt,也可由式(3.4.1)计算平均速度,此时 Δx 为挡光片有效遮光宽度(应仔细校验是否等于挡光片实际宽度)。

有关数字毫秒计使用说明,请参见第二章。

2. 加速度的测量

在气垫导轨单脚螺钉下加垫块,则导轨表面形成斜面。滑块在气轨上自由下滑可视作匀加速运动,测出滑块分别经过相距 S 的两光电门 A 和 B 的速度 v_A 和 v_B,则可由下式算出加速度 a

$$a=\frac{v_B^2-v_A^2}{2S} \tag{3.4.2}$$

应用式(3.4.2)时存在用平均速度代替瞬时速度的系统误差,理论上可以证明①,适当增加滑块运动初始位置距第一个光电门 A 的距离可减小这项系统误差。

3. 测量滑块黏性阻尼常量

滑块在气垫导轨上运动时,虽不受与导轨直接接触导致的干摩擦力作用,但受到空气阻力作用。在气垫导轨上进行与动力学相关的实验时,常需考虑滑块所受空气阻力影响以减小实验误差。

---

①杨述武. 普通物理实验(第一册)[M]. 3 版. 北京:高等教育出版社, 2000:133.

滑块在气垫导轨上运动速度不大，其所受空气阻力 F_R 与速度 v 成正比，即

$$F_R = bv \tag{3.4.3}$$

式中的比例系数 b 称黏性阻尼常量。测量黏性阻尼常量 b 时先将导轨调水平，则由牛顿第二定律，滑块运动时有

$$-bv = m\frac{\mathrm{d}v}{\mathrm{d}t} \tag{3.4.4}$$

利用变换关系

$$\frac{\mathrm{d}v}{\mathrm{d}t} = v\frac{\mathrm{d}v}{\mathrm{d}S}$$

对式(3.4.4)积分可得

$$b = \frac{m\Delta v}{S} \tag{3.4.5}$$

其中，$\Delta v = v_B - v_A$ 为滑块在相距 S 的两光电门 A、B 间运动时的速度损失。式(3.4.5)表明，如导轨严格水平，则在给定光电门间运动的滑块速度损失为一常数，且与滑块初始速率大小和运动方向均无关。

导轨一般都存在一定的弯曲，难以调至严格水平。因此，调节时先粗调，使滑块基本可静止于光电门 A、B 间任一处或不恒向某一方向移动；再进一步细调，使滑块从 A 向 B 运动时恒有 $v_A > v_B$，反向时恒有 $v_A < v_B$，且相应速度损失 Δv_{AB} 和 Δv_{BA} 较接近，则可近似认为导轨已调水平，b 用下式计算：

$$b = \frac{m\overline{\Delta v}}{S} = \frac{m(\Delta v_{AB} + \Delta v_{BA})}{2S} \tag{3.4.6}$$

注意测量 Δv_{AB} 或 Δv_{BA} 时，滑块初始速度不要太大，且应相差不多。为使滑块运动平稳，应从滑块后部轻轻向前平推。

一般导轨上滑块的 b 值在 $(2\times10^{-3})\sim(5\times10^{-3})\,\mathrm{kg\cdot s^{-1}}$ 之间。

【实验内容与步骤】

1. 测滑块速度

调平气轨后，将气轨一端垫高，置光电门 A 距斜面顶端 0.5 m，分别置光电门 B 在 A 下方 10.0 cm，20.0 cm，…，60.0 cm 处，滑块上取平板形挡光片，使滑块在斜面顶端由静止自由滑下，测滑块在 AB 间运动的平均速度，每组重复测 6 次取平均值。

根据上述测量结果作 $\bar{v}\sim\Delta t$ 曲线，并由曲线外推求得滑块在 A 点的瞬时速度。

2. 测滑块加速度

置光电门 A 距气轨斜面顶端 40 cm 左右处，光电门 B 在其下方，分别取 AB 间距 30 cm 和 60 cm，测滑块自斜面顶端由静止自由滑下经光电门 A 和 B 的速度，滑块取

1.00 cm U形挡光片,每组重复测6次,由式(3.4.2)计算滑块在AB间的加速度。

*比较两次加速度测量结果,分析能否认为滑块作匀加速运动。

记下斜面倾角正弦 $\sin\theta$(自行考虑如何测)。

3. 测滑块黏性阻尼常量

调节气垫导轨水平,当根据调平条件可近似认为导轨水平时,测滑块从A到B和从B到A的速度损失 Δv_{AB} 和 Δv_{BA},测6组数据;记下光电门A和B距离 S 并用天平测出滑块质量 m;由式(3.4.6)计算滑块黏性阻尼常量 b,并估计标准不确定度。

上述调节与测量可利用数字毫秒计转换键设置挡光片宽度为1.00 cm,以直接测量滑块通过光电门的速度。

4. 测重力加速度 g(选做)

根据前面测得的加速度测量数据及相应的斜面倾角正弦 $\sin\theta$ 的值,由 $g=a/\sin\theta$ 求出重力加速度。

上述重力加速度测量忽略了空气阻力影响,如考虑空气阻力作用,怎样利用上述实验测量数据求出重力加速度,请自行考虑。

【数据记录与处理】

1. 测滑块速度

表3.4.1 滑块速度测量数据表

AB间距 Δx(cm)	Δt_i(s) ($i=1,2,\cdots,6$)						$\overline{\Delta t}$(s)	$\bar{v}$(m·s^{-1})
10.0								
20.0								
30.0								
40.0								
50.0								
60.0								

根据所测平均速度外推得滑块在A点的瞬时速度 $v_A=$______m·s^{-1}。

2. 测滑块加速度

挡光片宽度 $l=$______cm; 斜面高 $h=$______cm;

斜面长 $L=$________cm; $\sin\theta=\dfrac{h}{L}=$______。

滑块加速度:

$$a_1=\frac{v_B^2-v_A^2}{2S_1}=\_\_\_\_\_\_\_\_\text{ m}\cdot\text{s}^{-2}$$

$$a_2=\cdots$$

表 3.4.2　滑块加速度测量数据表

测量次数	$S_1=30$ cm				$S_2=60$ cm			
	Δt_A(ms)	v_A($m\cdot s^{-1}$)	Δt_B(ms)	v_B($m\cdot s^{-1}$)	Δt_A(ms)	v_A($m\cdot s^{-1}$)	Δt_B(ms)	v_B($m\cdot s^{-1}$)
1								
2								
3								
4								
5								
6								
平 均 值								

3. 测滑块黏性阻尼常量

滑块质量 $m=$______g；

光电门 A 和 B 距离 $S=$______cm。

表 3.4.3　滑块黏性阻尼常量测量数据表

单位：m/s

测量次数	从 A 到 B 运动			从 B 到 A 运动		
	v_A	v_B	Δv_{AB}	v_A	v_B	Δv_{BA}
1						
2						
3						
4						
5						
6						
平 均 值	$\Delta v_{AB}=$			$\Delta v_{BA}=$		

黏性阻尼常量：

$$\bar{b}=\frac{m(\Delta v_{AB}+\Delta v_{BA})}{2S}=\underline{\qquad\qquad}\mathrm{kg\cdot s^{-1}}$$

请自行推导并计算根据式(3.4.6)测量 b 的标准不确定度，质量 m 和距离 S 的测量通常对 b 的不确定度影响较小，可以忽略不计。

黏性阻尼常量测量结果：

$$b=\bar{b}\pm u(b)=\underline{\qquad\qquad}\mathrm{kg\cdot s^{-1}}$$

【思考题】

① 如果滑块通过两个光电门的时间 $\Delta t_A=\Delta t_B$,是否表示气轨已调平,为什么?
② 滑块沿导轨下滑是否是严格的匀加速运动,为什么?
③ 测量滑块运动速度时,数字毫秒计光控通常均置 s_2 挡而非 s_1 挡,为什么?

【附录】 气垫导轨简介

1. 气垫导轨结构

气垫导轨由导轨、滑块、光电门等组成,其外形结构如图 3.4.2 所示。

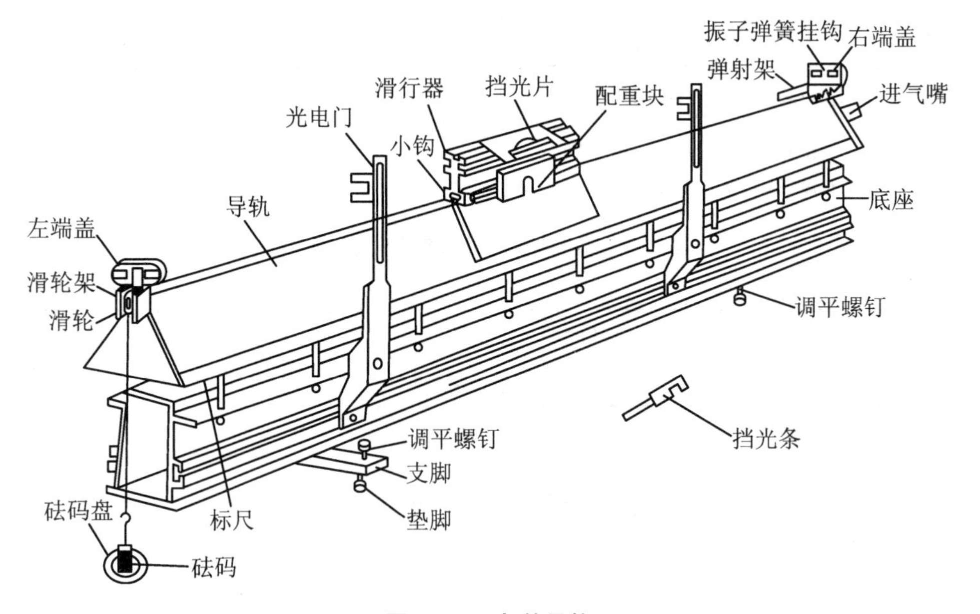

图 3.4.2 气垫导轨

导轨由平直光滑的三角形铝合金制成,轨面上均匀分布着孔径为 0.6 mm 的两排喷气小孔。导轨一端封死,另一端为进气嘴。当由气源输出的压缩空气由进气嘴进入导轨腔体后,就从轨面小孔喷出,托起滑块。滑块漂浮的高度视气流大小及滑块质量而定。导轨底座有三个底脚螺旋,双脚端的螺旋用于调节轨面左右两侧高度,单脚端螺旋用于调节导轨水平。也可将不同厚度的垫块放在导轨底脚螺旋下,以得到不同倾角的气轨斜面。

为便于测量,导轨一侧固定有毫米刻度的米尺,可测读光电门位置。

图 3.4.2 中的光电门固定在导轨带刻度尺的一侧,它由聚光灯泡和光电管组成。光电管与数字毫秒计相接。当有光照到光电管上时,光电管电路导通,这时如

挡住光路，光电管为断路，通过数字毫秒计门控电路，输出一脉冲使数字毫秒计开始或停止计时。

2. 气垫导轨使用注意事项

(1) 防止碰伤轨面和滑块

导轨表面和滑块的内表面都是经过精密加工的，在通气状态下，滑块与轨面间只有不到 0.2 mm 的间隙，如果轨面和滑块内表面被碰伤或变形，则可能发生接触摩擦使滑块运动阻力显著增大。因此，实验中要严防敲、碰、划伤等现象发生。导轨未通气时，不要将滑块放在导轨上，更不允许将滑块放在导轨上来回滑动。实验结束时，应先将滑块从导轨上取下，再关闭气源。

(2) 保持轨面洁净和小气孔畅通

导轨表面要保持洁净，实验前可用纱布沾少许酒精擦拭轨面及滑块内表面。气轨供气不畅时可用薄的小纸条逐一检查气孔，发现堵塞要用细钢丝疏通。实验完毕应盖上防尘罩。

实验五　混合法测固体比热容

比热容是单位质量的物质温度升高(或降低)1 K 时，它所吸收(或放出)的热量，其单位是 $J \cdot kg^{-1} \cdot K^{-1}$。测量物质的比热容有多种方法，如混合法、冷却法、物态变化法、电热法等。本实验采用混合法测量金属样品的比热容。

【实验目的】

① 掌握混合法测定金属比热容的原理和方法。

② 学习散热修正的基本方法。

【仪器和用具】

量热器，温度计(0～50 ℃每小格 0.1 ℃或 0.2 ℃的 1 支，0～100 ℃每小格 1 ℃的 1 支)，物理天平，加热锅，停表，小量筒，细线，待测金属块，电炉。

【实验原理】

当物体的温度升高(或降低)时，它所吸收(或放出)的热量 Q 与物体升高(或降低)的温度 Δt 和物体的质量 m 及其性质有关，其关系可表为：

$$Q = mc\Delta t \tag{3.5.1}$$

式中,c 称为该物质的比热容,简称比热。本实验采用混合法测定固体的比热,该方法的依据是热平衡原理:不同温度的物体混合后,热量将由高温物体传给低温物体,最后达到均匀稳定的平衡温度,如在混合过程中和外界无热交换,则达到平衡温度时高温物体放出的热量等于低温物体所吸收的热量。

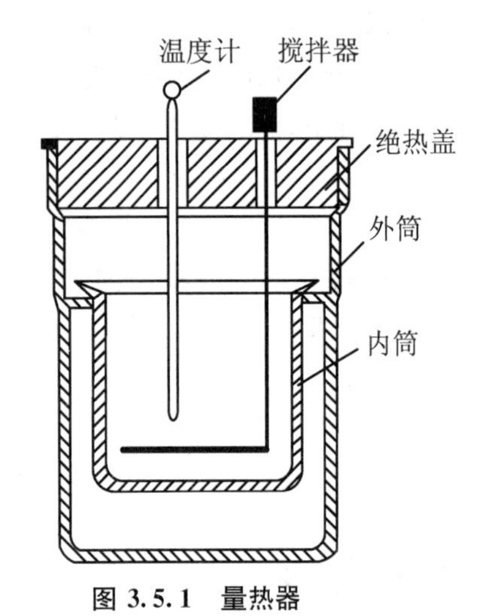

图 3.5.1 量热器

实验所用量热器种类很多,其结构大同小异,最简单的一种如图 3.5.1 所示,它由量热器内筒和外筒组成。由良导体制成的内筒置于外筒内,内筒和外筒间充有热的不良导体——空气或其他绝热材料。如内外筒间充的是空气,则内筒的外壁和外筒的内壁十分光亮,以最大限度减少热的幅射和吸收。外筒用绝热盖盖住,盖上开的孔可放置温度计和搅拌器。因量热器内空气与外界对流很小,且内外筒间充的是热的不良导体,内外筒间热传递的热量也很少,故这样的量热器可近似地视作一个孤立系统。

由量热器内筒、搅拌器和冷水构成实验系统的低温部分,而被加热的金属块为系统的高温部分。设量热器内筒包括搅拌器和温度计插入水中部分的热容为 q,其中水的质量为 m_0,比热 c_0,待测物投入水中之前的水温为 t_1。将质量为 m 的待测物加热至温度 t_2时投入量热器内筒的水中,它们混合后达热平衡时温度如为 θ,不计量热器与外界的热交换,则热平衡方程为

$$mc(t_2 - \theta) = (m_0 c_0 + q)(\theta - t_1) \tag{3.5.2}$$

故有

$$c = \frac{(m_0 c_0 + q)(\theta - t_1)}{m(t_2 - \theta)} \tag{3.5.3}$$

量热器内筒和搅拌器由相同的物质(铜)制成,设它们的质量为 m_1,比热为 c_1,而温度计插入水中部分的体积为 V(cm^3),则式(3.5.3)中的热容 q 由式(3.5.4)给出

$$q = m_1 c_1 + 1.9V \tag{3.5.4}$$

式中 $1.9V$ ($\mathrm{J \cdot K^{-1}}$) 为温度计插入水中部分的热容(参阅本实验附录)。

上述讨论是在假定量热器与外界无热交换时的结论,实际上量热器并非理想的绝热容器,因此只要量热器内外有温度差异就必然会有热交换存在,故实验中应考虑如何防止或修正热散失的影响。通常可采用冷热补偿法,即合理控制量热器

内水的初温 t_1，使 t_1 低于环境温度 t_0，混合后的末温则高于 t_0，并使 (t_0-t_1) 大体上等于 $(\theta-t_0)$，从而使混合前系统因低于环境温度而吸收的热量和混合后系统因高于环境温度而散失的热量大体相等，达到互相补偿。此外，应注意尽量缩短加热后的物体投放时间，因投入量热器前被测物体散失的热量不易修正；还应注意量热器筒外壁如附着水分，要用干布擦去，以免水分蒸发损失一定热量。

实验时也可采用图 3.5.2 所示的图解法大致确定无散热损失的混合平衡温度 θ。由于散热，实际测得的混合平衡温度 θ' 显然小于无散热损失时的 θ。因实测温度 θ' 高于环境温度 t_0，故系统温度达 θ' 后将继续散热直至温度降至环境温度。若以温度为纵坐标，时间为横坐标，量热器筒内水的初温适当低于室温，记下待测物放入量热器前后一定时间内系统温度随时间变化情况，则可作出如图 3.5.2 所示的温度随时间变化曲线 $AEGFD$。AE 段为投入物体前的吸热升温线，EGF 段为投入物体后至达最高温度（F 处）温度变化线，FD 段为系统达最高温度 θ' 后放热降温线。为进行散热修正，过 G 点（对应室温 t_0）作垂直时间轴直线 MN，分别延长 AE 和 FD 交 MN 于 B 和 C 点，则 B 和 C 点的温度 t_1 和 θ 分别是对水的初温和终温的修正。这一修正近似热交换在瞬间完成，实验设计时应力求使吸热面积 BGE 和散热面积 CGF 近似相等。

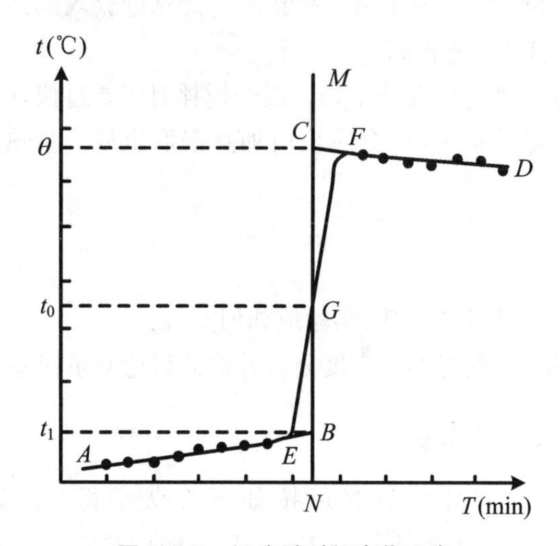

图 3.5.2 温度随时间变化示意

【实验内容与步骤】

① 电炉通电，加热锅中放入半锅水后放在电炉上加热。

实验用加热锅中有一内筒，内筒不盛水，用于放入被测金属块。

② 用物理天平称衡被测金属块的质量 m，然后将其用细线系住放入加热锅内

筒中加热,筒中插入的温度计要靠近被测物。

③ 用天平称得量热器内筒(含搅拌器)的质量 m_1 及装入适量的冷水(约为内筒容积的 2/3)后的质量 m',从而知量热器中水的质量 $m_0=m'-m_1$。

④ 从投放物体前五六分钟开始测量热器内筒中水温,每 1 min 测一次。

⑤ 加热锅中水沸腾后且温度计指示值稳定不变时,记下加热锅内金属块的温度 t_2,然后敏捷地将金属块放(不是投)入量热器中。用搅拌器搅拌并观察温度计示值,每 10 s 测一次。当温度计示值达最高值 θ' 后,继续观察温度计读值 5~10 min 且每分钟记录一次。

⑥ 按图 3.5.2 作图并求出水的初温和终温的修正值。

⑦ 按式(3.5.4)确定热容 q 值,式中温度计插入水中部分的体积 V(cm^3)可用盛水的小量筒测定,而比热 c_1 可由表 F1.4 查得。

⑧ 将上述各测量值代入式(3.5.3),求出被测物的比热并计算相对公认值(表 F1.4)的测量误差。

【注意事项】

① 量热器中温度计位置要适中,不要使它太靠近放入的高温物体,因未混合好时高温物体附近温度可能很高。

② 量热器内筒的外壁应保持干燥。混合搅拌时不要过快,以防止有水溅出。

③ 为尽量减少散热损失,将金属块由加热锅取出放入量热器的动作要快,但注意防止把水溅出。

【思考题】

① 如欲用混合法测液体比热,实验应如何安排?

② 试导出比热 c 的相对不确定度公式并据此讨论测量误差的主要来源。

【附录】 温度计的热容

温度计插入水中部分的热容可按如下方法求得。已知水银的密度为 $13.6\ g \cdot cm^{-3}$,比热容为 $139\ J \cdot kg^{-1} \cdot K^{-1}$,其 1 cm^3 的热容为 $1.89\ J \cdot cm^{-3} \cdot K^{-1}$,而制造温度计的耶那玻璃的密度为 $2.58\ g \cdot cm^{-3}$,比热容为 $830\ J \cdot kg^{-1} \cdot K^{-1}$,其1 cm^3 的热容为 $2.14\ J \cdot cm^{-3} \cdot K^{-1}$,它与水银的热容很相近。因为温度计插入水中部分的体积不大,其热容在测量中占次要地位,因此可认为它们 1 cm^3 的热容是相同的,故如温度计插入水中部分的体积为 V(cm^3),则该部分的热容可取为 $1.9V$ ($J \cdot K^{-1}$)。

实验六　金属线膨胀系数的测定

自然界绝大多数物质都具有“热胀冷缩”的特性，这源于物体分子间平均距离随温度发生变化。物体热胀冷缩特性在各种工程设计、精密量具的制造、材料的焊接和加工工作中都必须予以充分考虑。实验表明，不同物体随温度变化而发生的膨胀程度一般也不同。物理学中引入膨胀系数来描述物体热膨胀特性。膨胀系数根据联系物体的体积变化还是长度变化又分为体膨胀系数和线膨胀系数。本实验学习用光杠杆法测量金属杆的线膨胀系数。

【实验目的】

① 掌握光杠杆测定固体长度微小变化的原理和方法。

② 学会测量金属杆的线膨胀系数。

【仪器和用具】

线胀系数测定装置，光杠杆，尺度望远镜，温度计，钢卷尺，游标卡尺，蒸汽发生器，待测金属杆。

【实验原理】

固体的长度随温度的升高而增加时，其长度 L 和温度 t 间一般关系为

$$L = L_0(1 + \alpha t + \beta t^2 + \cdots) \tag{3.6.1}$$

式中，L_0为温度 $t=0$ ℃时的长度，$\alpha,\beta,\cdots$ 是和被测物质相关的系数，其数值都很小，而且 β 以后与 t 的各高次方相关的系数又比 α 小得多，所以在常温下可以忽略，故(3.6.1)式可写成

$$L = L_0(1 + \alpha t) \tag{3.6.2}$$

此处，α 就是通常所称的线胀系数，单位是$℃^{-1}$。直接利用式(3.6.2)确定 α 需准确测定 L_0和 L，为便于测量，特对式(3.6.2)作适当变换。

设物体在温度 t_1 时的长度为 L，温度升高到 t_2 时，其长度增加了 δ，根据式(3.6.2)可得

$$L = L_0(1 + \alpha t_1)$$

$$L + \delta = L_0(1 + \alpha t_2)$$

从上面两式消去 L_0 可得

$$\alpha=\frac{\delta}{L(t_2-t_1)-\delta t_1} \tag{3.6.3}$$

由于 δ 和 L 相比甚小，且 $L(t_2-t_1)\gg\delta t_1$，所以式(3.6.3)可近似地写成

$$\alpha=\frac{\delta}{L(t_2-t_1)} \tag{3.6.4}$$

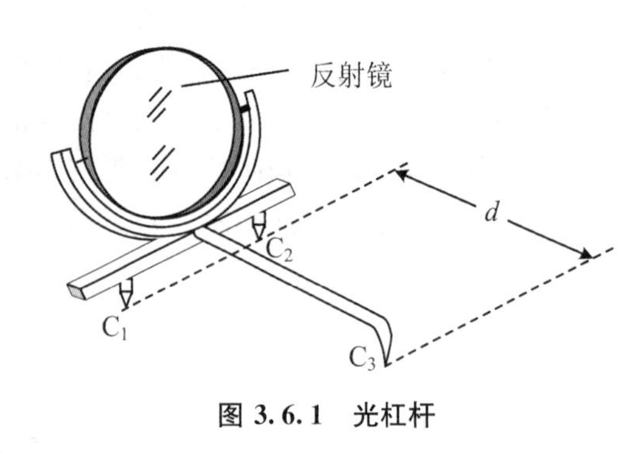

图 3.6.1　光杠杆

可见，只需测出被测固体温度由 t_1 变到 t_2 时的长度增加量 δ 和原长 L，便可求得线胀系数 α。严格地说，实际测得的是温度 t_1 和 t_2 间的平均线膨胀系数。

利用式(3.6.4)测金属杆线膨胀系数的关键在于准确测定温度变化引起的金属杆长度的微小变化 δ，本实验利用光杠杆法测量这一微小变化。光杠杆构造如图 3.6.1 所示，T 形支架上装一平面镜，支架下两固定尖足 C_1、C_2 和可调尖足 C_3 构成等腰三角形，C_3 到前两足连线的距离 d 称光杠杆常数。

实验时使待测金属杆直立在线胀系数测定仪的金属筒中，将光杠杆的后足尖置于金属杆的顶端，二前足尖置于固定平台 V 形槽中，并将温度计和蒸汽发生器排汽管插入金属筒，如图 3.6.2 所示。在光杠杆的前面 1～2 m 处放置望远镜及直尺(尺在铅直方向)，仔细调节实验装置，可在望远镜中看到平面镜中清晰的直尺象。

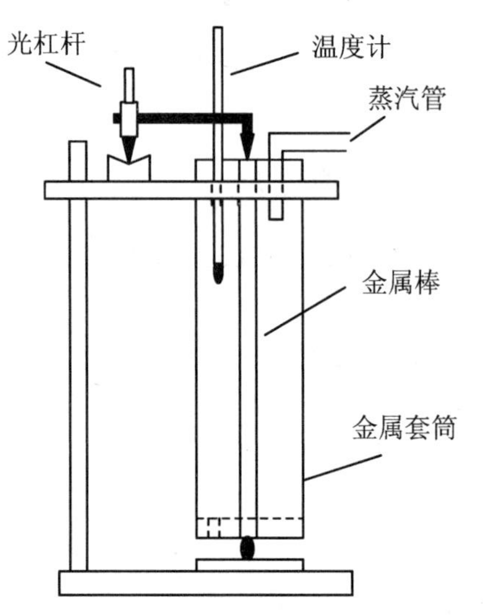

图 3.6.2　线胀系数测定仪装置

用光杠杆测量微小长度的原理参见图 3.6.3，初始时平面镜 M 的法线在水平位置，标尺 S 上的标度线 a_1 发出的光通过平面镜 M 反射后进入望远镜成像于叉丝横线处。当金属杆长度增加微小长度 δ 时，光杠杆绕前两足尖连线偏转一微小角度 θ。根据光的反射定律，此时从标尺 S 的标度线 a_2 发出的光经平面镜反射后进入望远镜成像于叉丝横线处而被观察到。由图 3.6.3 的几何关系可知：

$$\mathrm{tg}\theta = \frac{\delta}{d} \tag{3.6.5}$$

$$\mathrm{tg}2\theta = \frac{(a_2 - a_1)}{D} \tag{3.6.6}$$

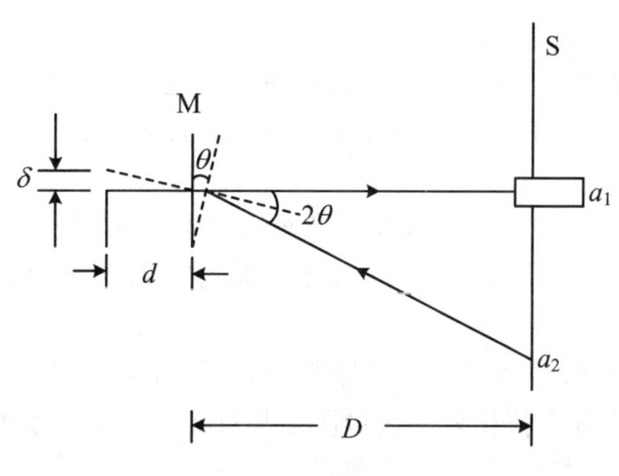

图 3.6.3　光杠杆放大原理

式中 D 为光杠杆镜面到直尺的距离，d 为光杠杆后足尖到二前足连线间垂直距离。由于 θ 很小，所以可取

$$\mathrm{tg}\theta = \theta$$

及

$$\mathrm{tg}2\theta = 2\theta$$

故由式(3.6.5)和(3.6.6)消去 θ 可得

$$\delta = \frac{(a_2 - a_1)d}{2D} \tag{3.6.7}$$

δ 本来是难于测量的微小长度，但在 D 远大于 d 时，经光杠杆转换得到的长度 $(a_2 - a_1)$ 却是较大的量，可以经望远镜从标尺上直接读出。由式(3.6.7)易知光杠杆装置的放大倍数是 $2D/d$。实验中，一般取 D 为 1～2 m，d 为 4～8 cm，故放大倍数为 25～100 倍。

将式(3.6.7)代入式(3.6.4)，则得到下述线膨胀系数测量公式：

$$\alpha = \frac{(a_2 - a_1)d}{2DL(t_2 - t_1)} \tag{3.6.8}$$

【实验内容与步骤】

① 用米尺测量金属杆长 L 之后，将其插入线胀系数测定仪的金属筒中，杆的下端要和基座紧密相接。

② 安装温度计(将温度计小心插入测定仪)；蒸汽锅加适量水，将排汽管插入

测定仪。

③ 将光杠杆放在测定仪平台上,二前足尖置于平台的 V 形槽中,后足尖置于金属杆的顶端,光杠杆的镜面在垂直方向。在光杠杆的前面 1.0~2.0 m 处放置望远镜及直尺(尺在铅直方向)。仔细调节望远镜,使平面镜中直尺清晰成象。读出叉丝横线在直尺上的位置 a_1。

④ 记下初始温度 t_1 后给蒸汽锅加热,使蒸汽进入金属筒加热金属杆,金属杆随之伸长。等温度稳定在一定数值几分钟不变时,读出叉丝横线在直尺上的新读数 a_2 并记下温度 t_2。

⑤ 停止加热,用钢卷尺测出直尺到平面镜距离 D;取下光杠杆。

⑥ 将光杠杆在白纸上轻轻压出三个足尖痕,用游标卡尺测量出后足尖到二前足连线间的垂直距离 d。

⑦ 按式(3.6.8)求出金属杆的线胀系数,并计算测量结果的不确定度。计算与附录一表 F1.5 中标准值比较的相对误差并对实验测量误差因素作简要分析。

【注意事项】

① 线胀系数测定仪的金属筒不要固定太紧,以免其受热膨胀变形,给实验造成较大误差。

② 在测量加热过程中要注意保持光杠杆及望远镜的稳定。

③ 温度计的读数要在进行系统误差修正后方可代入公式计算。修正公式为

$$t = (t' - \Delta_0)a \tag{3.6.9}$$

式中,t' 为测量时读数,Δ_0 为温度计在冰点时读数,a 为温度计刻度 1 ℃的实际值。实验所用各温度计的 Δ_0 和 a 值已由实验室事先测量并标定。

【思考题】

① 光杠杆的工作原理是什么?如何正确使用?

② 为什么在实验过程中必须保持实验仪器的稳定?

③ 实验中各测量量的测量对最后结果的精度有何种影响?哪个量的影响最大?

实验七　液体表面张力系数的测定

液体表面层(其厚度约为 10^{-8} cm)中分子所受分子间作用力情况与液体内部

分子不同,它们上方气体层的分子数相对下方液体分子数少得多,导致液体表面层中分子有从液面挤入液体内部的倾向,从而使液体表面自然收缩,宛如张紧了的弹性薄膜。我们把这种沿着液体表面的,使液面收缩的力称为表面张力。液体的许多现象,如毛细现象、润湿现象和泡沫的形成等都与表面张力有关。工业技术上,如浮选技术和液体输运技术等方面都要对液体表面张力进行研究。

测量液体表面张力系数的方法很多,如拉脱法、毛细管法、滴重法、扭力天平法等,本实验学习用拉脱法测量液体的表面张力系数。

【实验目的】

① 掌握用焦利秤测量微小力的原理与方法。

② 学会用拉脱法测量液体的表面张力系数。

【仪器和用具】

焦利秤,"⊓"形金属丝,砝码,玻璃皿,游标卡尺,温度计,蒸馏水。

【实验原理】

设想在液面上作一长为 L 的线段,则表面张力的作用表现为线段两侧的液面以一定的力 f 相互作用,且作用力的方向与 L 垂直,其大小与线段的长 L 成正比,即

$$f=\alpha L \tag{3.7.1}$$

式中,比例系数 α 为该液体的表面张力系数,它表示单位长线段两侧液体的表面张力,其单位为 $\mathrm{N\cdot m^{-1}}$。表面张力系数 α 是描述液体物理性质的重要参数之一,它与液体的种类、纯度、温度等有关。实验表明:液体的温度越高,α 的值越小;液体所含杂质越多,α 的值越小;上述条件一定,则 α 的值为一常数。

如将一表面洁净的矩形薄金属片竖直地浸入水中,使其底边保持水平,然后缓慢上提,则其附近的液面将呈现如图 3.7.1 所示的形状(对浸润体)。而由于液面收缩产生沿着切线方向的表面张力 f,液面的切线与金属片表面的夹角 φ 称接触角。当缓慢上提金属片时,φ 逐渐减小直至达到 $\varphi=0$ 的极限位置时,金属薄片下竖直拉起一液膜,而诸力的平衡条件为

$$F=f+mg+ldh\rho g \tag{3.7.2}$$

式中,mg 为薄片重力,h 为薄片下液膜的高度,ρ 为液体密度,l 和 d 为金属薄片亦即液膜的长度与厚度,故 $ldh\rho g$ 即为液膜的重量。而由式(3.7.1)知表面张力为

$$f=2\alpha\,(l+d)$$

代入式(3.7.2)可得

$$\alpha = \frac{(F - mg) - ldh\rho g}{2\alpha(l + d)} \tag{3.7.3}$$

本实验用如图 3.7.2 所示的“ ┌┐ ”形金属丝代替上述金属薄片，显然，其效果是等同的；金属丝横臂长即相当 l，直径即相当于 d。

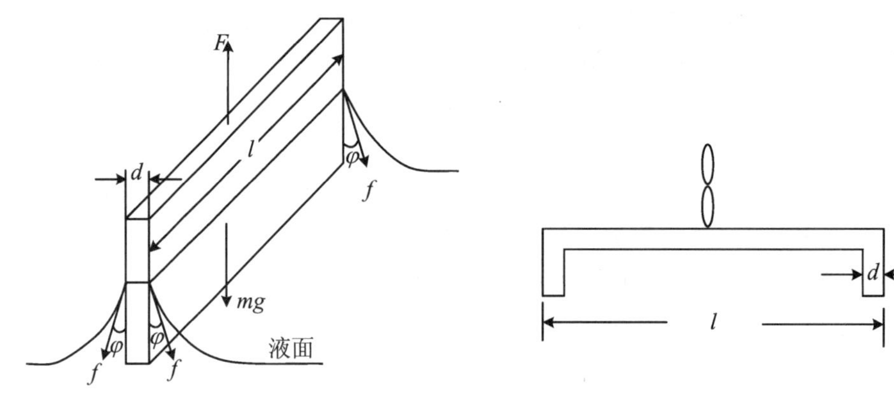

图 3.7.1 液体的表面张力

图 3.7.2 “ ┌┐ ”形金属丝

式(3.7.3)中 $(F-mg)$ 为微小力，本实验采用焦利秤测量。焦利秤实际上是一个精细的弹簧秤，常用于测量微小的力，其外形如图 3.7.3 所示。直立的金属杆 A 可在外筒 B 内由升降旋钮 G 控制上下移动，杆 A 的横梁上悬挂特制的焦利秤弹簧，弹簧下端挂一面刻有水平线的小反射镜，镜下端的钩子可用来悬挂砝码盘和“ ┌┐ ”形金属丝等。杆 A 上带有米尺刻度，与外筒 B 上端的十分度游标 H，配合读数可准确到 0.1 mm。筒 B 上还附有可以上下调节的平台 E。使用时可调节升降旋钮 G，始终使小镜上的水平刻线、玻璃管 D 上的水平线和该水平线在镜中的像三者重合，简称“三线对齐”，用这种方法可保持弹簧下端位置固定，而弹簧的伸长量则可由伸长前后内杆 A 上两次读数之差求得。装有待测液体的玻璃皿放在平台 E 上，可通过平台下方旋钮 F 控制平台升降。

【实验内容与步骤】

1. 安装焦利秤

按图 3.7.3 所示安装焦利秤，调节三脚底座上的螺丝，必要时可调节玻璃管 D 的位置，使小反射镜升降时与玻璃管无擦碰。此外还应注意使反射镜镜面正对玻璃管上水平线，以便实验观察。

2. 测弹簧的劲度系数 K

在砝码盘中依次加上 1.0 g，1.5 g，…，3.5 g 砝码，每次都通过调节升降旋钮 G 使“三线对齐”，记下相应的标尺读数 $L_1, L_2, \cdots, L_6$；然后，再依次减小 0.5 g 砝码使

“三线对齐”并记下相应的标尺读数 $L_1', L_2', \cdots, L_6'$。计算各次弹簧读数平均值，根据胡克定律并利用逐差法求得

$$K_1 = \frac{Mg}{\overline{L}_4 - \overline{L}_1}, \quad K_2 = \frac{Mg}{\overline{L}_5 - \overline{L}_2}, \quad K_3 = \frac{Mg}{\overline{L}_6 - \overline{L}_3}$$

上述诸式中，$M = 1.5 \times 10^{-3}$ kg，而劲度系数的平均值为

$$\overline{K} = \frac{K_1 + K_2 + K_3}{3} \tag{3.7.4}$$

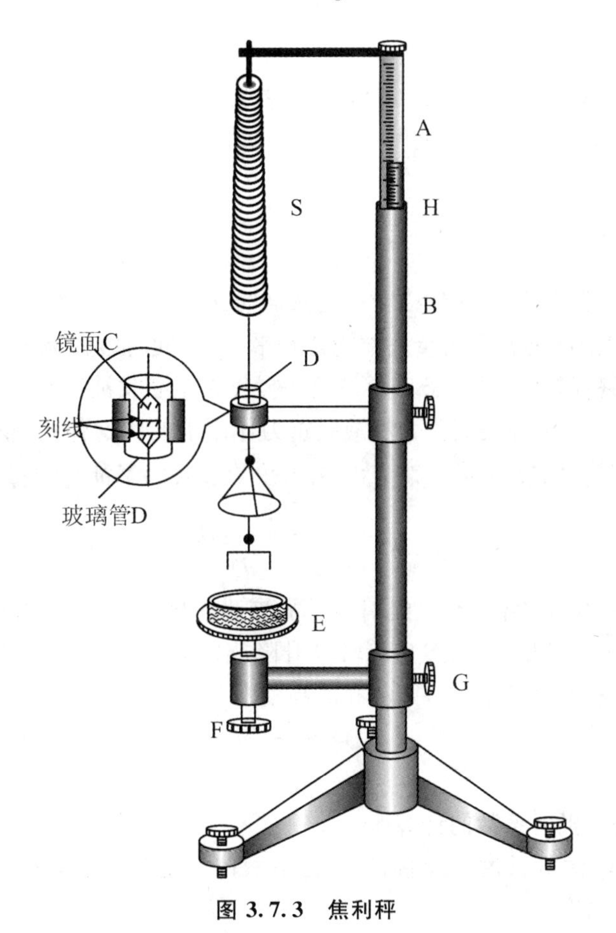

图 3.7.3　焦利秤

3. 测表面张力作用下的弹簧伸长和液膜高度

测表面张力作用下的弹簧伸长和液膜高度可采用下述两种方法之一。

方法一：

直接调节升降旋钮 G，记下金属丝横臂快与液面接触时的读数 L_0，旋转 F 使液面上升至与金属丝横臂相平。然后缓慢调节 G 向上拉起弹簧直至液膜被拉破

为止,记下游标读数 L。则两次读数之差 $L-L_0$ 等于拉起液膜时弹簧的伸长与液膜高度 h 之和,故有

$$F-mg=K[(L-L_0)-h] \tag{3.7.5}$$

重复上述操作 6 次,求得 $L-L_0$ 的平均值。

再用一细长金属杆代替弹簧,同上做拉断液膜的操作,这时两次读数 L_0' 和 L' 之差等于液膜高度 h,即

$$h=L'-L_0' \tag{3.7.6}$$

重复 6 次,求出 $L'-L_0'$ 的平均值。

因此,由式(3.7.3)和式(3.7.5)知 α 可表为

$$\alpha=\frac{K[(L-L_0)-h]-ldh\rho g}{2(l+d)} \tag{3.7.7}$$

式中 h 由(3.7.6)给出。

方法二:

调节升降旋钮 G 使金属丝横臂接近液面时达到"三线对齐",记下游标尺读数 S_0,再调节 F 使液面上升至与金属丝横臂相平,然后同时缓慢调节 G 和 F,使得液面下降时仍始终保持"三线对齐",继续这一操作直至液膜被拉破为此,记下此时游标尺读数 S,则 $S-S_0$ 为表面张力和液膜重力作用下的弹簧伸长,重复上述操作过程 6 次,求得平均伸长 $\overline{S-S_0}$。则由式(3.7.2)、(3.7.3)及胡克定律,可得

$$\alpha=\frac{\overline{K}(\overline{S-S_0})-ldh\rho g}{2(l+d)} \tag{3.7.8}$$

因上述操作中始终保持"三线对齐",故液膜拉破时玻璃皿内液面下降的高度即为液膜高度 h。因此,读出 S 后可转动升降旋钮 G 使金属丝横臂再次和液面相平,记下此时游标尺的读数 S_1,则液膜的高度由

$$h=S_0-S_1$$

给出。

4. 液体表面张力系数的计算

测量金属丝横臂长度 l 及直径 d,记下液体温度(室温),从书后附录一的表 F1.1 查得液体密度 ρ。

用式(3.7.7)或式(3.7.8)计算液体表面张力系数,估计测量不确定度并求出相对公认值(参见附录一表 F1.6)的误差。

【注意事项】

① 液体若有少许污染,其表面张力系数将有明显改变。因此,每次实验前要用酒精擦拭玻璃皿和金属丝,并用所测液体冲洗。实验时注意保持玻璃皿内液体

及金属丝洁净，不可用手触及液体与金属丝。

② 拉起液膜时，动作要缓慢平稳，勿使液膜过早破裂。

③ 焦利秤所用弹簧不得受到过大拉力，以免损坏。

【思考题】

① 本实验误差因素有哪些？你认为哪些是主要因素？

② 为使测出的液体表面张力系数有三位有效数字，对所用弹簧的劲度系数有何要求？

③ 如忽略拉起液膜的重量影响，则可简化计算和测量。请写出简化后表面张力系数的计算公式并根据你的测量数据分析这一简化对测量结果影响大小。

实验八　电学基础实验

电学实验中常用基本仪器很多，熟悉电学常用仪器的性能及其使用方法，掌握电学实验基本操作规程，对相关电学测量具有重要实际意义。本实验介绍几种电学常用基本仪器的使用方法，为后续电学实验学习打下基础。

【实验目的】

① 熟悉几种常用电学仪器的性能和使用方法以及电磁学实验基本操作规程。

② 掌握滑线变阻器制流与分压两种电路的特点及应用。

③ 掌握减小伏安法测电阻系统误差的方法。

【仪器和用具】

电流表，电压表，滑线变阻器，电阻箱，开关和直流电源等。

【实验原理】

电学测量中，常利用可变电阻器控制电路中的电压和电流值，滑线变阻器和电阻箱就是实验室最常用的两种可变电阻器。滑线变阻器阻值可连续变化，其接法有制流和分压两种。

1. 滑线变阻器的制流和分压特性

滑线变阻器的制流电路接法如图 3.8.1 所示。R_L为负载电阻，调节滑动触头

c 可改变通过负载的电流强度,显然,滑线变阻器与负载串联部分的阻值 R_{ac} 越大回路电流就越小。

由欧姆定律易知,电路中的电流为:

$$I = \frac{E}{R_L + R_{ac}} \tag{3.8.1}$$

设滑线变阻器阻值为 R_0,忽略电源内阻,当滑动头 c 滑至 a 点时,$R_{ac}=0$,电路中电流取最大值 $I_{max}=E/R_L$,负载处电压达最大值 $U_{max}=E$;当滑动头 c 滑至 b 点时,$R_{ac}=R_0$,电路中电流最小,负载处电压取最小值

$$U_{min} = \frac{E}{R_L + R_0} R_L$$

因此,电压调节范围为:

$$\frac{E}{R_L + R_0} R_L \to E$$

而相应的电流变化范围为:

$$\frac{E}{R_L + R_0} \to \frac{E}{R_L}$$

令 $K=R_L/R_0$,$X=R_{ac}/R_0$,则式(3.8.1)可改写为

$$I = \frac{I_{max} K}{K + X} \tag{3.8.2}$$

因此,当 E 和 K 一定时,I 仅随 X 的变化而变化。图 3.8.2 为不同 K 值的制流特性曲线,由图可见制流电路有如下特点:

① $K \geqslant 1$ 时调节的线性较好,但 K 越大电流调节范围越小;

② K 较小($K \ll 1$)时,电流细调程度较差,因 X 取较小值时电流变化较大。

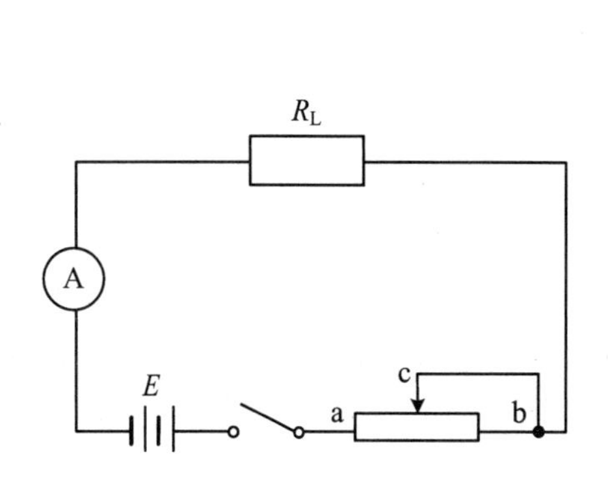

图 3.8.1 制流电路

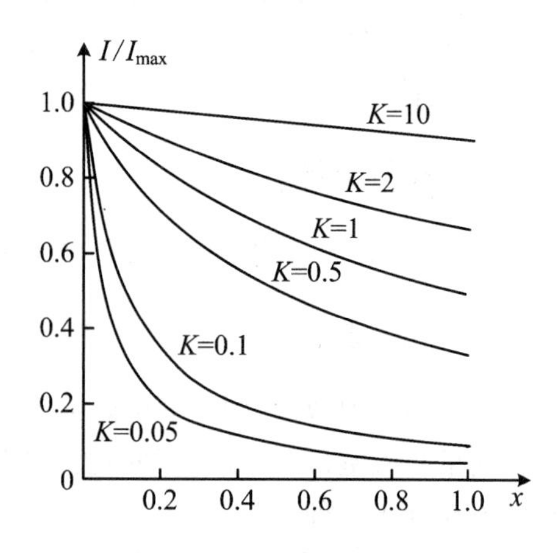

图 3.8.2 制流特性曲线

滑线变阻的分压电路接法如图 3.8.3 所示，当滑动头 c 由 a 滑至 b 点时，负载上电压由 0 变到 E（设电源内阻可忽略），电压调节范围与滑线变阻器阻值无关。滑线变阻器 a、c 两端输出电压即分压值为

$$U=\frac{E}{R_L /\!/ R_{ac}+R_{bc}}\cdot(R_L /\!/ R_{ac})$$
$$=\frac{E}{\frac{R_L R_{ac}}{R_L+R_{ac}}+(R_0-R_{ac})}\cdot\frac{R_L R_{ac}}{R_L+R_{ac}}$$

即有

$$U=\frac{R_L R_{ac} E}{R_0 R_L+R_0 R_{ac}-R_{ac}^2}=\frac{KXE}{K+X-X^2} \tag{3.8.3}$$

式中，K 与 X 的定义同前。因此，当 E 和 K 一定时，U 仅随 X 的变化而变化。图 3.8.4 为不同 K 值的分压特性曲线，由图 3.8.4 可见分压电路有如下特点：

① 电压调节范围恒为 0 至 E，与滑线变阻器阻值及 K 值无关；

② K 越大调节的线性越好，K 较小（$K \ll 1$）时，电压细调程度较差，为使电压调节均匀，一般取 $K \geqslant 2$ 较合适。

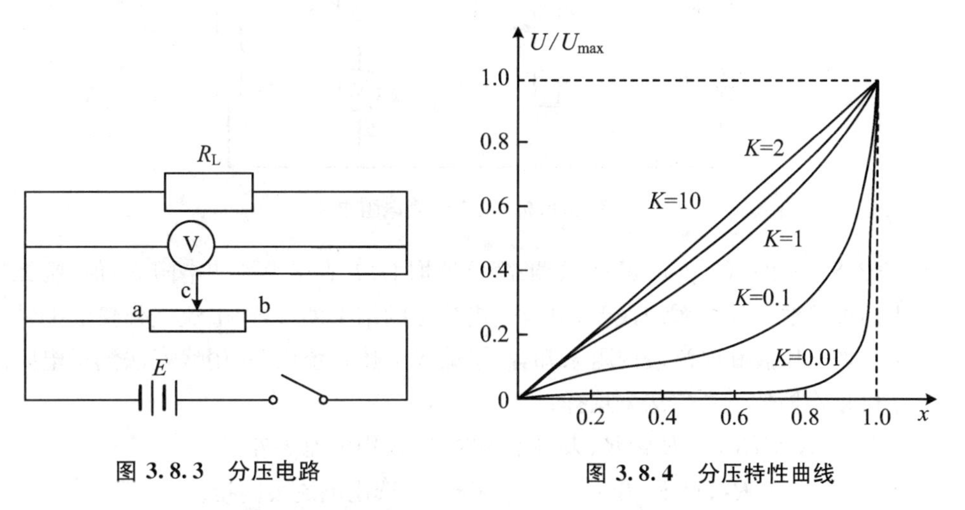

图 3.8.3　分压电路　　　图 3.8.4　分压特性曲线

2. 伏安法测电阻的两种接法

由欧姆定律，导体的电阻 R 等于该导体两端电压 U 与通过的电流强度 I 之比，即

$$R=\frac{U}{I} \tag{3.8.4}$$

式中，电流强度单位用安培（A），电压单位用伏特（V），电阻单位为欧姆（Ω）。因此，若同时用电流表和电压表测出通过该电阻的电流 I 和它两端的电压 U，则由式

(3.8.4)可求得电阻 R,这种测量方法称伏安法。伏安法原理简单,测量方便,但用这种方法进行测量时,电表的内阻对测量结果有一定影响。

伏安法测电阻电路有两种接法,如图 3.8.5 所示,当电键 K 置 1 时称(电流表)内接法,当 K 置 2 时则称(电流表)外接法。因电压表和电流表都有一定的内阻(分别设为 R_V 和 R_A),而通常测量时均被忽略,故会引进一定的系统误差。当电流表内接时,电压表读数实为电阻与电流表的电压降之和,故有:

$$R_X = \frac{U}{I} = R + R_A \tag{3.8.5}$$

当电流表外接时,电流表读数实为流过电阻与电压表的电流之和,故有:

$$R_X = \frac{U}{I} = \frac{U}{\dfrac{U}{R} + \dfrac{U}{R_V}} = R \cdot \frac{R_V}{R + R_V} \tag{3.8.6}$$

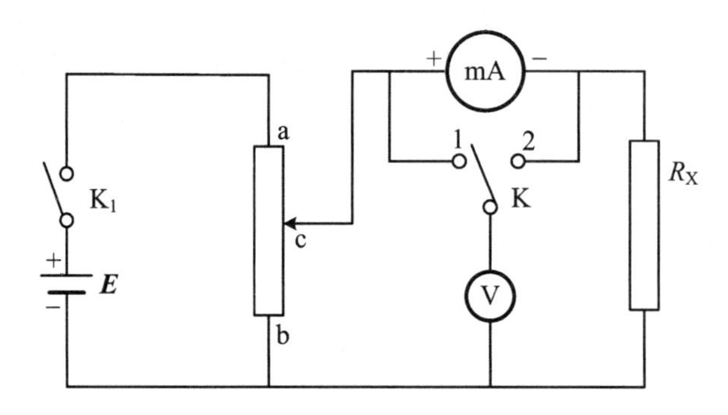

图 3.8.5　伏安法测电阻电路

由式(3.8.5)和式(3.8.6)可见,如果简单地取 U/I 值作为被测电阻 R_X 值,则无论采用何种接法均存在系统误差,电流表内接法的结果偏大,而电流表外接法的结果偏小。如电压表和电流表内阻未知,为了减少上述系统误差,用伏安法测量电阻的电路可粗略地按下列方法来选择:

① 当 $R \ll R_V$,且 R 较 R_A 大得不多时,宜选用电流表外接。

② 当 $R \gg R_A$,且 R_V 和 R 相差不多时,宜选用电流表内接。

③ 当上述关系不能确定时,可分别用电流表内接法和外接法测量,然后再比较电流表和电压表的读数变化情况,若电流表示值有显著变化,R 便为高阻(相对电流表内阻而言),宜采用电流表内接法;若电压表有显著变化,R 即为低阻(相对电压表内阻而言),宜采用电流表外接法。

3. 电磁学实验仪器选择与使用

电磁学常用仪器很多,如电源、电表、电阻器、示波器、信号发生器等,且种类与规格众多,实验时应根据测量要求及仪器特点适当选择。本实验所涉及的电源、电表、电阻器等的基本结构、性能及原理请参阅本书第二章，这里仅对合理选择与使用作进一步说明。

根据国家标准规定，电表分 11 个准确度等级，如果电表的准确度等级为 a，量程为 X_m，则仪器极限误差为

$$\Delta_{仪} = a\% \cdot X_m \tag{3.8.7}$$

故测量值 X 的可能最大相对误差为

$$E_X = \frac{\Delta_{仪}}{X} = a\% \frac{X_m}{X} \tag{3.8.8}$$

由式(3.8.8)可见，对给定电表，测量值越接近电表的量程，测量的相对误差越小。因此，应根据测量要求选择等级适合的电表，且测量时应选择合适量程，一般应使被测值达到仪器量程的三分之二以上。在不知道被测量大小时，应先用大量程试测，再根据示值大小调到合适量程。

对直流电表，接线时要注意接线柱上的正负标记，且电流表应串联在被测电路中，电压表则应与被测电路两端并联，不可接错。对指针式电表，要注意尽量减小读数误差这一附加误差，读数时眼睛要正对指针。较精密的电表刻度尺下方配有镜面，应取指针及指针的像重合位置读数，以减少读数视差。另外，指针式电表一般均有零点调节螺丝，使用时应注意检查与调节。

滑线变阻器的主要技术指标是电阻值和额定电流，滑线变阻器上通过的最大电流不允许超过其额定电流，实验时要根据测量需要选择适当阻值及额定电流的滑线变阻器。同样，电阻箱使用时也受额定电流的限制，特别是电阻箱各挡允许通过的电流是不同的，如 ZX21 型电阻箱各挡允许通过的电流如表 3.8.1 所示，使用时应充分注意。

表 3.8.1　ZX21 型电阻箱各挡允许通过的电流

旋钮倍数	×0.1	×1	×10	×100	×1 000	×10 000
允许电流(A)	1.5	0.5	0.15	0.05	0.015	0.005

实验室用的电源有直流电源和交流电源两种。直流电源主要采用干电池和直流稳压电源，交流电源则由电网提供，即市电。干电池使用方便且成本低，但容量有限，不适于长期使用；直流稳压电源输出电压长期稳定性好，功率大且输出连续可调，但必须由交流电源供电。**电源使用时要严防两极短路。**

4. 电磁学实验仪器布置和线路连接

合理地布置实验仪器和正确连接实验电路是电磁学实验的基本功。仪器布置不当，容易造成接线混乱，不便于检查线路，也不便于实验操作，甚至会出差错。

接线前，首先必须了解电路图中每个符号代表的内容，弄清楚电路中各仪器的作用，然后再布置仪器和接线。仪器布置和接线应遵循“便于连线，操作方便，易于

观察,实验安全”的原则。因此仪器不一定按照电路中的位置排列,一般将经常要调整或者要读数的仪器放在近处,电源开关前不放东西,以便于必要时及时切断电源。

接线时从电源开始按回路逐步连接,电路较复杂时,可将电路分成几个回路,再将回路逐个连接。接线时应充分利用电路中的等电位点,避免在一个接线柱上连接过多的导线(最好不超过 3 个),否则易导致接触不良。

按电路图接好线路后,先自行仔细检查,再请教师复查,经教师认可后,才能接通电源。接电源时,必须注意观察电路中所有仪器有无异常,如发现有不正常现象(如指针超出电表的量限、指针反转、焦臭等),应立即切断电源,重新检查,分析原因。若电路正常,可用较小的电压或电流先观察实验现象,然后才开始测读数据。

测得实验数据后,应当用理论知识来判断数据是否合理,有无遗漏,是否达到了预期目的。在确认无误且经教师复核后,方可拆线,拆线时注意先切断电源,拆线后将仪器和导线整理好。

【实验内容与步骤】

1. 制流电路特性研究

按图 3.8.1 所示连接电路,取 $K=0.1$,根据变阻器和负载(电阻箱)R_L的额定电流(或功率),确定实验最大允许电流 I_{max}及电源电压 E 的值,选择合适的电流表量程,测量 $X=R_{ac}/R_0$取不同值时通过 R_L的电流,并填入表 3.8.2。

表 3.8.2 制流电路特性研究

$I_{max}=$　　　　$R_0=$

K \ $I(A)$ \ X	0	0.2	0.4	0.6	0.8	1.0
0.1						
1						
10						

取 $K=1$ 及 $K=10$,重复上述测量。

根据表 3.8.2 的测量结果,绘出制流特性曲线图。

2. 分压电路特性研究

按图 3.8.3 连接电路,取 $K=0.1$,根据变阻器和负载(电阻箱)R_L的额定电流(或功率),确定实验电源电压 E 的值,选择合适的电压表量程,测量 $X=R_{ac}/R_0$取不同值时 R_L的端电压,并填入自行设计的数据表。

取 $K=1$ 及 $K=10$,重复上述测量。

根据上述测量结果，绘出分压特性曲线图。

3. 伏安法测电阻

按图3.8.5连接电路，取阻值 $R_X=20\ \Omega$，分别用电流表内接法和电流表外接法两种方法测量。分析和比较测量数据，确定合适的接法，并根据测量数据和电表的准确度等级，计算电表引入的电阻测量不确定度。

取阻值 $R_X=20(\text{k}\Omega)$，重复上述测量和分析。

说明：

根据误差传递关系，电表准确度引入的电阻测量相对不确定度为

$$\frac{u(R)}{R}=\sqrt{\left(\frac{\Delta_U}{U}\right)^2+\left(\frac{\Delta_I}{I}\right)^2} \tag{3.8.9}$$

式中，Δ_U 和 Δ_I 分别为电压表和电流表的示值误差，可由式(3.8.7)或(3.8.8)计算。

【思考题】

① 在接通电源前制流电路与分压电路中滑线变阻器的触点 c 应放在什么位置？

② 制流电路与分压电路在功率损耗上有何不同？

③ 如何根据电阻测量精度要求选择电表？

实验九　惠斯通电桥测电阻

电桥法是常用电阻测量方法之一，它具有操作简单、测量准确等优点。电桥按使用电源可分为直流电桥和交流电桥，直流电桥有惠斯通电桥(常简称单电桥)和开尔文电桥(常简称双电桥)两种，前者用于中等阻值(1 Ω～100 kΩ)电阻的测量，后者用于低值电阻(1 Ω 以下)的测量。本实验学习惠斯通电桥测量电阻的方法。

【实验目的】

① 掌握惠斯通电桥测电阻的原理。

② 学会正确使用箱式电桥测电阻。

③ 了解影响电桥灵敏度和测量精度的主要因素。

【仪器和用具】

电阻箱(3 个),滑线变阻器,检流计,直流电源,待测电阻,箱式电桥,万用电表,开关和导线。

【实验原理】

1. 惠斯通电桥电路原理

惠斯通电桥电路如图 3.9.1 所示,电桥由 AB、BC、CD 和 AD 四条电阻支路构成的桥臂和跨接 BD 两点的检流计 G 及电源 E 组成。桥臂 AB 接入待测电阻 R_X,BC 接入可以调节的标准电阻 R_S,其余两臂中 R_1 和 R_2 为已知标准电阻。

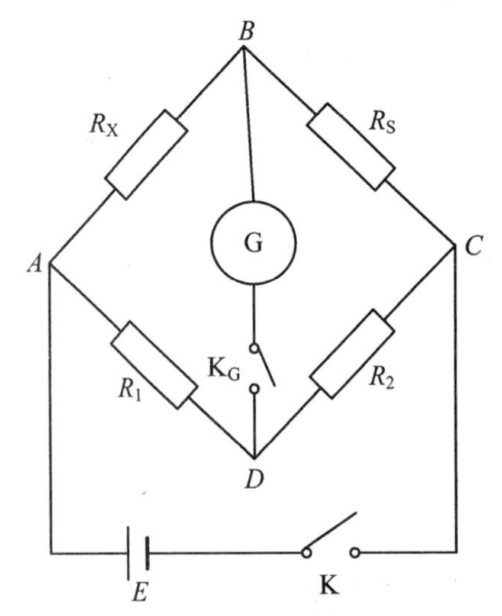

图 3.9.1 惠斯通电桥原理图

接通电路后如果 BD 间有电势差存在,则检流计中就会有电流流过,这里检流计起着连接 B 和 D 两点的"桥"及检测 BD 间电势差的作用。显然,如果 BD 间电势差为零,则检流计中无电流通过,我们称电桥达到了平衡。根据电路理论可知,电桥平衡时四个臂上电阻关系为

$$\frac{R_X}{R_S}=\frac{R_1}{R_2}$$

或

$$R_X=\frac{R_1}{R_2}R_S \tag{3.9.1}$$

惠斯通电桥的 R_1/R_2 称比例臂,R_S 则称为比较臂。测量时置 R_1/R_2 一定,调节 R_S 使检流计中的电流为零,则可由式(3.9.1)求得被测电阻 R_X。通常较简单的处理是置 $R_1/R_2=1$,则电桥平衡时有 $R_X=R_S$。

2. 惠斯通电桥的灵敏度

电桥测量电阻的精度与它的灵敏度紧密联系。电桥平衡时,若使比较臂 R_S 改变一个小量 ΔR_S,电桥将偏离平衡,如检流计偏转 n 格,则定义电桥灵敏度 S 为:

$$S=\frac{n}{\frac{\Delta R_S}{R_S}} \tag{3.9.2}$$

因此,如果检流计的可分辨偏转量为 Δn(常取 0.2 格),则由电桥灵敏度引入的被测电阻相对误差为

$$\frac{\Delta R_X}{R_X}=\frac{R_1}{R_X R_2}\Delta R_S=\frac{\Delta n}{S} \tag{3.9.3}$$

式(3.9.3)表明:电桥的灵敏度越高,由灵敏度引入的误差越小。

式(3.9.3)也可表示为

$$S=\frac{\Delta n}{\Delta I_G}\frac{\Delta I_G}{\frac{\Delta R_X}{R_X}}=S_G S_l \tag{3.9.4}$$

其中,ΔI_G 是检流计偏转 Δn 时通过的电流,$S_G=\Delta n/(\Delta I_G)$是检流计的电流灵敏度,$S_l=\Delta I_G/(\Delta R_X/R_X)$是电桥的线路灵敏度。电桥的线路灵敏度可近似表示为

$$S_l=\frac{E}{(R_1+R_2+R_S+R_X)+R_G\left[2+\left(\frac{R_1}{R_X}+\frac{R_S}{R_2}\right)\right]} \tag{3.9.5}$$

式中,R_G是检流计内阻。

式(3.9.4)和式(3.9.5)表明:选用高灵敏度、低内阻的检流计可提高电桥的灵敏度;增大工作电源电压可提高电桥的灵敏度;减小桥臂电阻也可提高电桥的灵敏度。从式(3.9.5)还可看出,当被测电阻阻值过大或过小均使电桥的线路灵敏度降低,故惠斯通电桥最适于测量中等阻值的电阻。

3. 测量误差分析与处理

用惠斯通电桥测量电阻的精度不仅与电桥的灵敏度有关,它还和构成电桥各臂的标准电阻的精度密切相关。如比例臂电阻 R_1 和 R_2 的误差会导致测量结果有系统误差,为消除这一误差,对自组惠斯通电桥可采用交换测量法。

调节电桥平衡后,记下 R_S 阻值;交换比例臂电阻 R_1 和 R_2,并保持电路其他条件不变,调节电桥再次平衡,如此时比较臂阻值为 R'_S,则有

$$R_X=\frac{R_1}{R_2}R'_S \tag{3.9.6}$$

由式(3.9.1)和式(3.9.6)可得

$$R_X=\sqrt{R_S R'_S} \tag{3.9.7}$$

这样就消除了比例臂电阻本身的误差对 R_X 测量引入的系统误差,R_X 测量值只与比较臂标准电阻 R_S 直接相关。实验时各标准电阻一般采用 ZX21 型直流电阻箱,其仪器误差限为

$$\Delta R=\sum_i \alpha_i\% R_i \tag{3.9.8}$$

式中,α_i 是电阻箱第 i 挡准确度等级,R_i是第 i 挡的示值。标准电阻 R_S 本身的误差对 R_X 测量引入的系统误差可根据误差传递规律由式(3.9.7)和式(3.9.8)计算。

自组惠斯通电桥实验电路如图 3.9.2 所示,为保护检流计不会有大电流通过,

桥路中接入限流电阻 R_G。为不降低电桥的灵敏度，初始调节时 R_G 置较大值，待电桥接近平衡时，置 R_G 值为零，再调节电桥至平衡。此外，为防止电流过大，电路中还接入限流电阻 R_E。

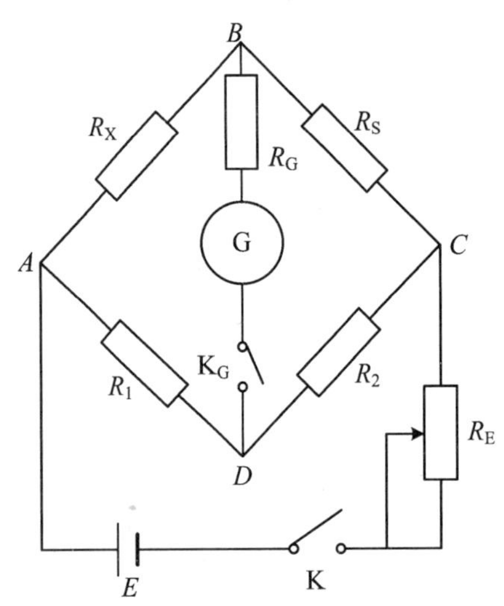

图 3.9.2　惠斯通电桥实验电路

【实验内容与步骤】

1. 自组惠斯通电桥测未知电阻

① 参照图 3.9.2 组装惠斯通电桥，经检查无误后才可接通电源。

② 取 $R_1/R_2=1$，测未知电阻的阻值。

电桥平衡后，分别使 R_S 增加和减小 ΔR_S，记下相应检流计指针偏转格数，取其平均值为 n，由式(3.9.2)计算电桥的灵敏度；交换 R_1 和 R_2 后，再重测一次。

换另一未知电阻，重复上述测量过程。分别计算两被测电阻的阻值和标准不确定度。

③ 分别取 $R_1/R_2=1/10$ 和 $R_1/R_2=10$，测出上述两未知电阻的阻值。与第②步的测量结果相比较，说明被测电阻的有效数字位数与比例臂选取的关系。

④ (选做)探索影响惠斯通电桥灵敏度的因素，取 $R_1/R_2=1$，改变下列因素，观察电桥灵敏度的变化：

(a) 改变电源电压；

(b) 改变比例臂电阻，比如增大 10 倍或减小至 1/10；

*(c) 改变检流计的灵敏度，这可通过给检流计串并联电阻来实现。

2. 用箱式电桥测未知电阻

用箱式电桥测前述两未知电阻的阻值，要求选择适当的倍率，以使测量结果有 4 位有效数字，并根据电桥准确度级别计算测量误差。

【数据记录与处理】

说明：

① 取 $R_1/R_2=1$，交换 R_1 和 R_2 后，测量条件及 R_S 值变化不大，可认为电桥灵敏度 S 不变，电桥灵敏度 S 由式(3.9.2)计算。

② 表中 ΔR_S 为电桥平衡时 R_S 改变量(分别增加和减小)，其取值应使检流计指针偏转格数 n_1 和 n_2 达 2～5 格。

表 3.9.1　自组惠斯通电桥测电阻数据表（$R_1/R_2=1$）

	$\frac{R_1}{R_2}$	R_S	R'_S	ΔR_S	n_1	n_2	$n=\frac{n_1+n_2}{2}$	S
R_{X1}								
R_{X2}								

电阻测量标准不确定度估计：

单次测量，只考虑 B 类不确定度分量。因采用交换法，电阻测量值由式(3.9.7)给出，即 $\bar{R}_X=\sqrt{R_S R'_S}$，则由不确定度传递公式可导得

$$\frac{u_{B1}(R_X)}{\bar{R}_X}=\sqrt{\left[\frac{u(R_S)}{2R_S}\right]^2+\left[\frac{u(R'_S)}{2R'_S}\right]^2}$$

其中比较臂电阻示值（R_S 和 R'_S）不确定度由式(3.9.8)计算。由电桥灵敏度 S 导致的测量不确定度则为

$$\frac{u_{B2}(R_X)}{\bar{R}_X}=\sqrt{2}\,\frac{0.2}{S}$$

电阻测量总不确定度为

$$u(R_X)=\sqrt{u_{B1}^2(x)+u_{B2}^2(x)}$$

电阻测量结果：

$$R_X=\bar{R}_X\pm u(R_X)$$

其他测量内容的数据记录及处理自行拟定。

【思考题】

① 在什么情况下，电桥的比例臂的倍率值应选择大于 1？说明电桥比例臂的倍率选取的一般原则。

② 可否用电桥来测量电流表（微安表、毫安表、安倍计）的内阻？测量的精度主要取决于什么因素？为什么？

③ 电桥的灵敏度是否越高越好？为什么？

【附录】　QJ23 型箱式电桥的说明

QJ23 型箱式电桥是目前广泛使用的一种便携式单臂电桥，它的电路原理如图 3.9.3 所示，其面板如图 3.9.4 所示。图 3.9.4 中，左上角旋钮为比例臂，也称倍率旋钮，其调节范围为从 0.001 到 1 000 共七挡；右边 4 个十进位旋钮调节比较臂电阻，其调节范围从 1Ω 到 9 999 Ω；下方端钮 R_X 接被测电阻，按钮“B”和“G”分别用于接通电源和左下方的检流计；左边由上往下分别是“＋”、“－”、“内”、“G”、“外”

五个接线端钮,如不用电桥内附的4.5 V的直流电源,可由"+、-"端钮外接电源;"内"、"G"、"外"为检流计选择端钮,在"G"和"外"短路时,内附检流计已接入桥路,如需外接高灵敏度检流计,则可短路"G"和"内",在"G"和"外"间接入检流计。

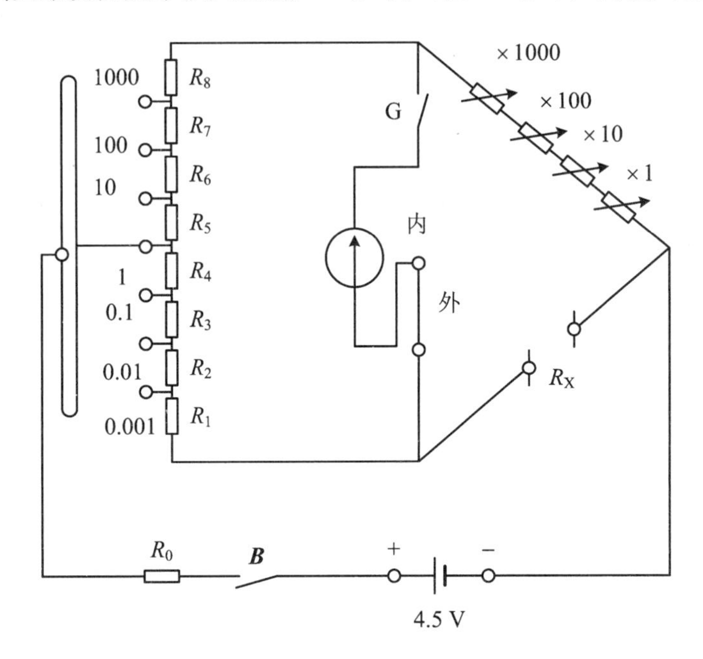

图 3.9.3 QJ23型箱式电桥原理图

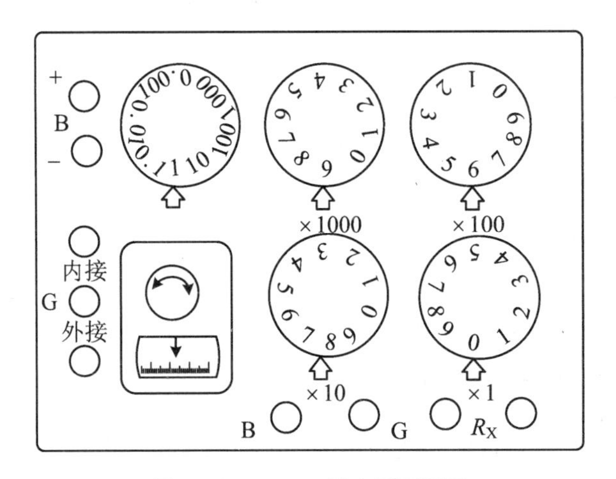

图 3.9.4 QJ-23型电桥面板图

使用电桥测量电阻时,应注意选择合适的倍率,以能读出4位有效数字。测量前应利用检流计上的调零旋钮调好零点,测量时应先按B接通电源,再按G观察检流计电流情况。注意按钮按下时间要短，以免过份消耗电池，造成电动势的不稳定。

根据国家标准 GB3930-83，电桥的允许基本误差为

$$\Delta R_M = \pm \frac{\alpha}{100}\left(\frac{R_N}{10} + R_X\right)$$

式中，α 为准确度等级(注意 α 与选择的倍率有关，可查仪器面板)，R_N 为相应有效量程内 10 的最高整数幂，R_X 是测量值。例如，选择倍率为 1 时，$R_N = 1\ 000\ \Omega$，如 $R_X = 5\ 870\ \Omega$，查得 $\alpha = 0.2$，则由上式可得 $\Delta R_M \approx 12\ \Omega$。

实验十　用电势差计测量电池电动势和内阻

电势差计是根据补偿原理制成的一种精密测量电动势的仪器，它实际相当于一个内阻为无穷大的高灵敏度的电压表。电势差计不仅能精确测量电动势，还可用于测量电压、电流、电阻以及校准各种精密电表等，因此得到广泛应用。

近年来，随着电子技术的发展，具有高内阻、高精度及使用方便等特点的数字式电压表得到快速发展，且正逐渐取代电势差计，但学习掌握电势差计的工作原理和测量方法仍是很有意义的。

【实验目的】

① 理解并掌握电势差计工作原理、结构特点和测量电动势及其内阻的方法。

② 学习箱式电势差计的使用方法。

【仪器及用具】

线式电势差计，箱式电势差计，直流电源，检流计，标准电池，标准电阻，电阻箱，待测电池，滑线变阻器，电键，导线等。

【实验原理】

1. 补偿法测电动势原理

我们知道，如直接用普通电压表测量电池的电动势 E_X，则由于电池内阻 r 不为零，电池内部将有电流 I 流过，使电压表测得的结果为路端电压 U 而非电池的电动势，即有

$$U = E_X - Ir$$

显见,当电池内部无电流流过时的端电压才等于其电动势。

采用基于补偿法原理的电路可克服这一困难。补偿法的基本原理如图3.10.1所示,图中E_X为待测电池的电动势,E_0为可调电源的电动势,当调节E_0使电路中检流计G指示为零时,待测电池的电动势被可调电源的电动势所补偿,即$E_X=E_0$。为获得准确可读的E_0值,实际常采用分压方式。电势差计就是根据这一补偿原理设计的,它的分压值E_0利用高精度的标准电池校准。

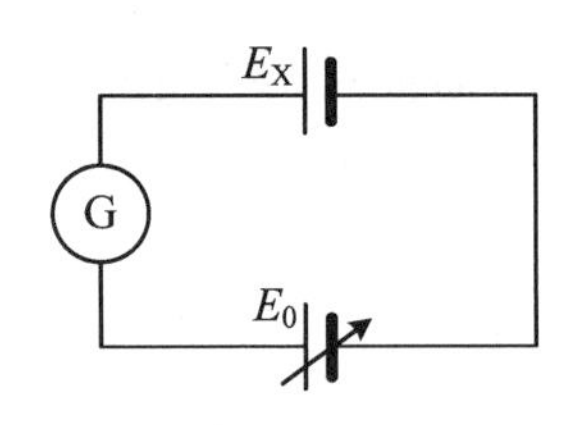

图 3.10.1 补偿法原理

电势差计工作原理如图3.10.2所示,其电路可分为三部分。工作电源E、电键K、电阻R_P(滑动变阻器)及均匀电阻丝AB构成电位差计的工作回路部分;标准电池E_S、检流计G及电键K′并联在导线AB上的CD间构成电位差计的校准回路部分;如以待测电池E_X取代校准回路中的E_S则构成测量回路。测量时,首先闭合电键K,接通工作回路,改变滑动变阻器R_P的阻值或调节C、D两点与均匀电阻丝AB的并联位置,使校准回路接通时检流计G中无电流通过,即校准电路达到补偿平衡。设CD间电阻丝的长度为l_S,因标准电池的电动势E_S为定值(本实验所用标准电池20 ℃时$E_S=1.0186$ V),则可知此时电阻丝AB上的每米电压降V_0为一确定值:

$$V_0 = \frac{E_S}{l_S} \tag{3.10.1}$$

这一过程称为工作电流的标准化。工作电流标准化完成后,接通测量回路,通过改变C、D两点的位置至C'、D'使检流计G中的电流为零,即测量电路达到补偿平衡,设$C'D'$长度为l_X,则可知待测电池的电动势为

$$E_X = V_0 l_X = \frac{l_X}{l_S} E_S \tag{3.10.2}$$

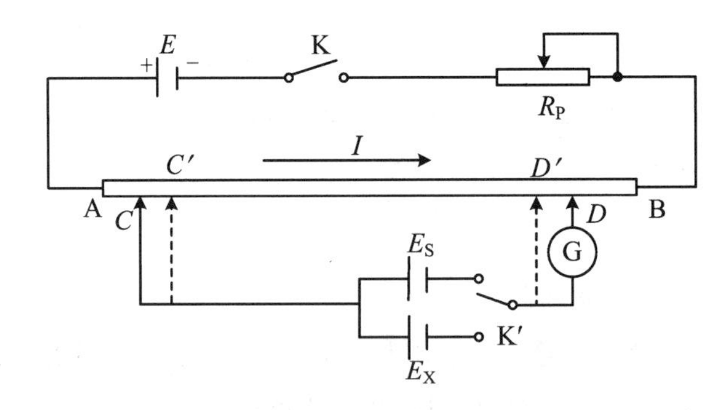

图 3.10.2 电势差计原理图

2. 用线式电势差计测电池的电动势和内阻

本实验采用的线式电势差计为教学用电势差计，其结构如图 3.10.3 所示。一根 11 m 长的均匀电阻丝 AB 折成 11 段绕在固定于平板的 11 个插孔上，每段导线长均为 1 m，改变活动插头 C 的插孔位置可以米为单位改变 CD 间所取电阻丝的长度，实现“粗调”，滑动按键 D 可在 B 端的 1 m 长电阻丝上滑动，且该段电阻丝下装一米尺，故改变 D 的位置可对所取电阻丝长度进行 1 m 以下长度的“细调”。

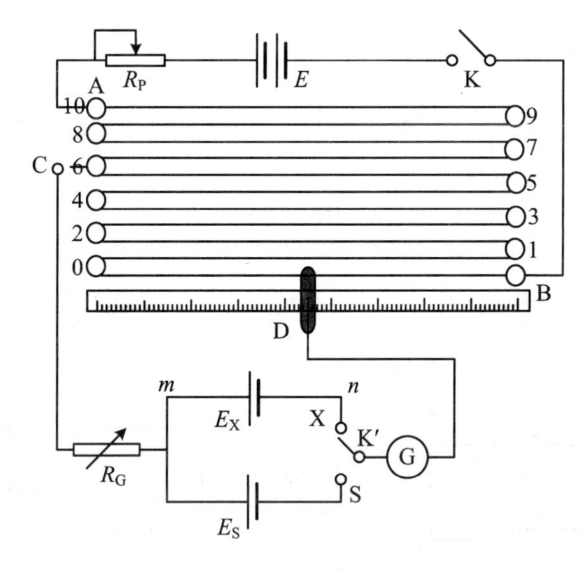

图 3.10.3　线式电势差计装置图

按图 3.10.3 连接好电路，首先进行工作电流标准化。通常为计算方便，电阻丝 AB 上的每米电压降 V_0 设计为一简单值。例如，实验所用标准电池的电动势 E_S 为 1.018 6 V，可置 CD 间电阻丝的长度为 5.093 0 m，调节滑动变阻器 R_P 的阻值使工作回路由 CD 分出的电压与标准电池的电动势补偿，此时通过检流计 G 的电流为零，校准电路达到补偿平衡，则电阻丝 AB 上的每米电压降为

$$V_0 = 0.200\,00\ \text{V} \cdot \text{m}^{-1}$$

完成工作电流的标准化调节后，测量待测电池的电动势和内阻有直接测量和组合测量两种方式。

(1) 直接测量

接通图 3 中的测量回路，即将电键 K′ 与待测电池 E_X 接通，调节 CD 间电阻丝的长度使检流计 G 中的电流为零，即使测量电路达到补偿平衡，设此时 CD 间电阻丝的长度为 l_X，则由式(3.10.2)可得待测电池的电动势。

测量待测电池 E_X 内阻时，可在 E_X 两端并联标准电阻 R_S，如图 3.10.4 所示。

并联后,用电势差计测出待测电池此时的端电压 V_R,则根据全电路欧姆定律可得电池内阻 r 为

$$r = R_S \frac{E_X - V_R}{V_R} \tag{3.10.3}$$

或表示为

$$r = R_S \frac{l_X - l_R}{l_R} \tag{3.10.4}$$

式中 l_R 为测定 V_R 时 CD 间电阻丝的长度。

(2) 组合测量

如图 3.10.5 所示,工作电流标准化调节完成后,用电势差计测出标准电阻 R_S 两端 m 和 n 间的电压降 V_S,改变可变电阻 R 的电阻可以得到相应的不同的 V_S 值。根据全电路欧姆定律,可得:

$$E_X = IR + IR_S + Ir$$

而

$$I = \frac{V_S}{R_S}$$

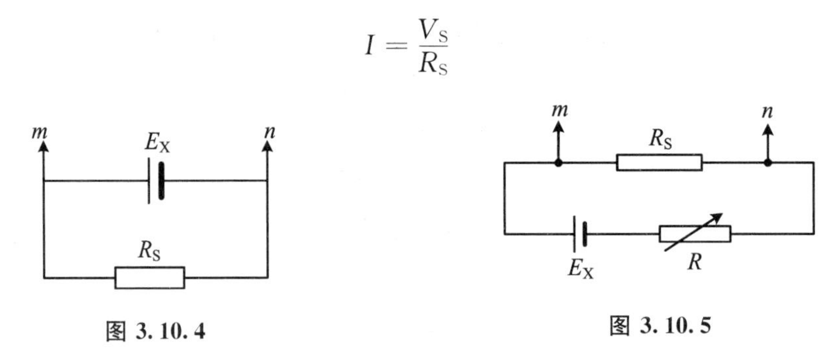

图 3.10.4　　图 3.10.5

根据上述两式可得

$$V_S = \frac{E_X \cdot R_S}{R + R_S + r} \tag{3.10.5}$$

变换上式可得

$$\frac{1}{V_S} = \frac{R_S + r}{E_X \cdot R_S} + \frac{R}{E_X \cdot R_S} \tag{3.10.6}$$

由式(3.10.6)可见,$1/V_S$ 和 R 成线性关系,其截距 $a=(R_S+r)/(E_X \cdot R_S)$,斜率 $b=1/(E_X \cdot R_S)$。如 a、b 已知,则可由上述关系求得待测电池的电动势 E_X 和内阻 r。

注意:

① 首先应注意工作电源和标准电池或待测电池极性的正确连接,电池极性连接错误会导致无法达到补偿平衡。

② 因标准电池和检流计都不能通过较大的电流,为避免刚开始标准化调节或

测量调节时电路可能远离补偿平衡而导致较大电流通过，图 3.10.3 中接入限流电阻 R_G用于保护检流计和标准电池。在调节开始时置 R_G于较大阻值（如 10 000 Ω左右），但大的 R_G会降低电势差计的灵敏度，故在检流计指针无明显偏转即通过电流已很小时，应减小 R_G至零，继续微调至电路达到补偿平衡，使电势差计具有较高的灵敏度。

③ 标准电池不可当作电源使用，在校准时也应尽量减少充放电时间，更不能使它短路或接反它的正负极。此外，使用时不要倾斜或震动，以避免电池结构受到损坏。

3. 箱式电势差计

箱式电势差计是实际使用的电势差计，其工作原理与线性电势差计相同，且有多种型号，不同型号的测量范围和准确度有所不同。常用的 UJ31 型电势差计的面板如图 3.10.6 所示，它的使用可按如下步骤进行。

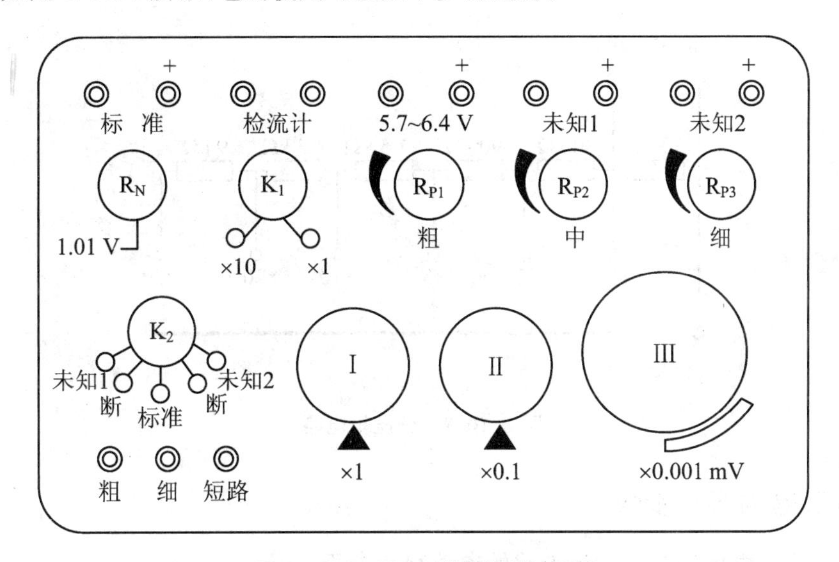

图 3.10.6　UJ31 型电势差计面板

① 使用时，首先将“K_2”指“断”位置，按面板指示依次接上标准电池、检流计和工作电源。

② 工作电流的标准化调节：将“R_N”指向标准电池的电动势值上（参见本实验附录），工作电源调到指定范围内（5.7～6.4 V），将“K_2”指“标准”位置，先按下检流计的“粗”调键，调节“粗”、“中”、“细”限流电阻 R_P，使通过检流计的电流接近零，再按下“细”调键并调节各限流电阻 R_P，使通过检流计的电流为零，则完成工作电流的标准化调节。测量时必须保持标准化状态不变。

说明:

按下“粗”调键时,检流计接入高电阻 R_G起保护作用,按下“细”调键时,R_G被短路,以提高测量灵敏度。另外,按下“短路”键可使检流计指针或光标迅速止动。

③ 待测电势差接入“未知 1”或“未知 2”,“K_2”指对应位置,“K_1”置适当倍率(×1 或×10),调节测量盘“Ⅰ”、“Ⅱ”、“Ⅲ”使通过检流计的电流为零,则可由测量盘读数乘倍率得到所测电压。

UJ31 型电势差计的准确度等级为 0.05,工作电流 10 mA,可以同时将两个被测电压接到“未知 1”或“未知 2”。它虽有两个量程,但测量范围仍较小,“×1”和“×10”挡能测量电势差的最大值分别为 17.1 mV 和 171 mV。因此,如欲测量高于它量程的电势差,需利用分压箱扩大其量程。图 3.10.7 所示为一种常见的分压箱电路,它是由若干精度很高的标准电阻串联组成的分压器,有 6 挡分压倍率,量程最高可扩大 50 倍。

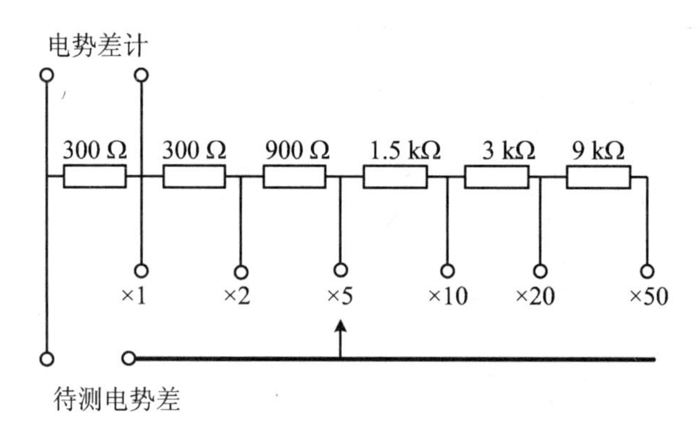

图 3.10.7　分压箱电路

【实验内容与步骤】

1. 用线性电势差计测量电池的电动势和内阻

(1) 连接电路

按图 3.10.3 所示连接电路,R_G 置 10 000 Ω 左右,注意不可接错电池的极性。

(2) 工作电流标准化

置 CD 间电阻丝的长度为 5.093 0 m,接通电路,调节滑动电阻器 R_p 的阻值使通过检流计的电流接近于零,然后置 R_G 值为零,继续微调 R_p 直至通过检流计的电流为零。

(3) 测量干电池的电动势和内阻

1) 直接测量

测出 E_X后,在 E_X两端并联标准电阻 R_S,如图 3.10.4 所示。用电势差计测出

R_S两端电压V_R，由式(3.10.3)确定待测电池的内阻。

2）组合测量

在图3.10.3中m、n间改接入图3.10.5所示电路，完成工作电流标准化后，用电势差计测量标准电阻两端电压。取$R_S=10\ \Omega$，使R从0到10 Ω以增量2 Ω变化，测量对应于每个R值的V_S。

采用逐差法或最小二乘法对上述实验数据作直线拟合，根据拟合直线的斜率和截距求得待测电池的电动势和内阻。

2. 箱式电势差计的使用

(1) 仪器准备与工作电流标准化调节

参照前述使用步骤说明，准备好仪器，即按面板指示依次接上标准电池、检流计和工作电源，注意使电源电压符合要求；然后完成工作电流标准化调节。

(2) 测量干电池的电动势和内阻

因干电池的电动势高于UJ31型电势差计的测量范围，需利用分压箱或采用图3.10.5所示电路分压。采用图3.10.5电路时，分别选择两不同R值(**应注意R值的合理设置！**)，测出标准电阻两端对应电压，可利用式(3.10.6)计算待测干电池的电动势和内阻。

【思考题】

① 电势差计工作电流标准化调节或测量时，如检流计指针总偏向同一边，无法调到平衡，试分析可能的原因有哪些？

② 怎样调节才能迅速地使检流计中电流为零？

③ 能否用电势差计测量电阻或电流？如能，应如何测量？

④ 用电势差计直接测量和组合测量待测电池的电动势和内阻有什么差别？它们测量结果的不确定度各由哪些因素决定？

【附录】　标准电池

标准电池是实验室常用的电动势标准器，在正确使用的情况下，这种电池电动势极为稳定，电动势和温度间有准确的关系，电池不产生化学副反应，几乎没有极化作用，内阻在相当程度上也不随时间变化。

标准电池有国际标准电池(饱和式)和非饱和式两种。我们在实验中采用的是国际标准电池(饱和式)。

饱和式标准电池结构如图3.10.8所示，电池的主体是一个密闭的“H”型玻璃容器，它的两个下端各封入一个白金电极。正极是水银(Hg)，水银上面是硫酸汞($HgSO_4$)和碎硫酸镉晶体($CdSO_4\cdot\frac{3}{8}H_2O$)所混成的糊状物，再上面是硫酸镉晶体,晶体上面是硫酸镉的饱和水溶液作电解液。电池的负极是汞镉合金,汞镉合金上面是硫酸镉晶体,再上面是硫酸镉的饱和水溶液,容器的连接部分充满电解液。由于电池内有硫酸镉晶体存在,因此在任何温度下硫酸镉溶液总是饱和的,电池容器在上面封口。国际标准电池的内阻在 500～1 000 Ω 范围内,其电动势在 0～40 ℃的范围内可按下式计算:

$$E_T = E_{20} - [39.9\times(t-20) + 0.94\times(t-20)^2 - 0.009\times(t-20)^3]\times 10^{-6}\ \text{V}$$

式中,E_T为温度 T(℃)时的电动势,$E_{20}=1.0186$ V 为温度 20 ℃时的电动势。

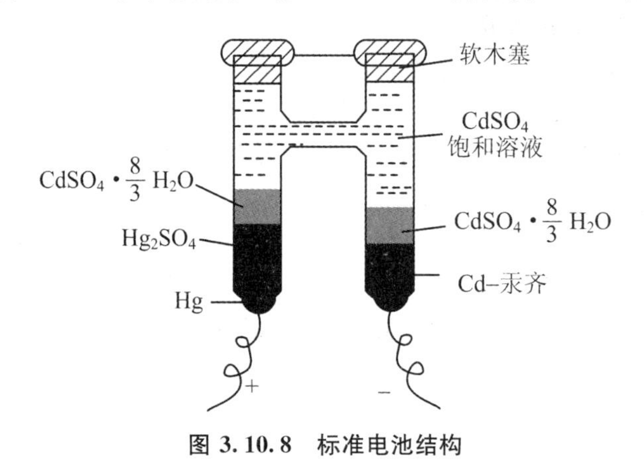

图 3.10.8 标准电池结构

实验十一 静电场的描绘

电场强度和电势是表征电场特性的两个基本物理量,为了形象地表示静电场,常采用电场线和等势面来描绘静电场。由于电场线与等势面处处正交,因此有了等势面的图形就可以大致画出电场线的分布图。对于静电场来说,要直接进行探测是比较困难的。一是静电场中无电流,不能使用磁电式仪表,只能用静电式仪表进行测量,而静电式仪表不仅结构复杂,灵敏度也较低;二是静电式仪表本身是由导体或电介质制成的,静电探测的电极一般很大,一旦放入静电场中,将会引起原静电场的显著改变。因此通常采用模拟法研究静电场。

模拟法本质上是用一种易于实现、便于测量的物理状态或过程来模拟另一种不易实现、不便测量的物理状态或过程。其条件是两种状态或过程有两组一一对应的物理量,并且满足相同形式的数学规律。由电磁学理论可知,无自由电荷分布的各向同性均匀电介质中的物理规律具有相同的数学表达式。在相同边界条件下，这两种场的电势分布相似，因此只要选择合适的模型，在一定条件下用稳恒电流场去模拟静电场是可行的。模拟法在工程设计中有着广泛地运用，如用电流场来模拟静电场，还可用于电子管、示波管、电子显微镜等的设计和研究中。

本实验用稳恒电流场来模拟静电场，通过测量稳恒电流场的电势分布以了解相应静电场的电势分布。

【实验目的】

① 学习用模拟法研究静电场。

② 模拟描绘圆柱形电容器中静电场或其他形式静电场结构的等势线。

【仪器和用具】

模拟静电场实验装置，静电场模拟电源，电极，游标卡尺及导线。

【实验原理和装置】

1. 稳恒电流场模拟静电场的原理

稳恒电流场和静电场本质上存在明显的区别，但它们具有重要的物理相似性。这两种场都引入基本物理量电场强度 $\boldsymbol{E}$ 和电势 U 进行描述，而且存在相同的 $\boldsymbol{E}=-\nabla U$，都遵从高斯定理，即

对静电场有　$$\oiint_S \boldsymbol{E}\cdot \mathrm{d}\boldsymbol{S}=0\qquad\text{(闭合曲面内无电荷)}$$

对稳恒电流场有　$$\oiint_S \boldsymbol{J}\cdot \mathrm{d}\boldsymbol{S}=0\qquad\text{(闭合曲面内无电源)}$$

静电场和稳恒电流场基本理论的相似性使人们能够通过对稳恒电流场的电势分布测量来近似地模拟实际存在的静电场，并通过类比，观察和了解静电场的特征。例如，可以通过在均匀导电介质中不同位置放入直流电源的不同电极以产生稳恒电流场，由于相应的稳恒电流场中各点的电势分布和真空中相应位置放入不同极性电荷所产生的静电场中各点电势大小分布是相同的，我们就可以通过测定稳恒电流场中各点电势来模拟和观察静电场中的电势分布，即绘出电场中等势线族，通过它来描述静电场的性质。这种模拟方法是目前物理实验中经常采用的有效方法。

这种利用物理规律的相似性，用对于一种物理量的测量来代替对另一种物理量的测量的方法就是模拟法。

2. 同轴圆柱形电容器中静电场的模拟

用稳恒电流场模拟描绘静电场通常可以采用多种不同形式稳恒电流场来模拟，目前通常采用同轴柱面电极所形成的稳恒电流场来模拟二共轴无限长均匀带电圆柱面间的静电场，其实验原理及方案如图 3.11.1 所示。

设内圆柱半径为 r_a，电势为 U_a；外环内半径为 r_b，电势为 U_b，静电场中距离轴心为 r 的地方电势 U_r 可表示为：

$$U_r = U_a - \int_{r_a}^{r} \boldsymbol{E} \cdot \mathrm{d}\boldsymbol{r} \tag{3.11.1}$$

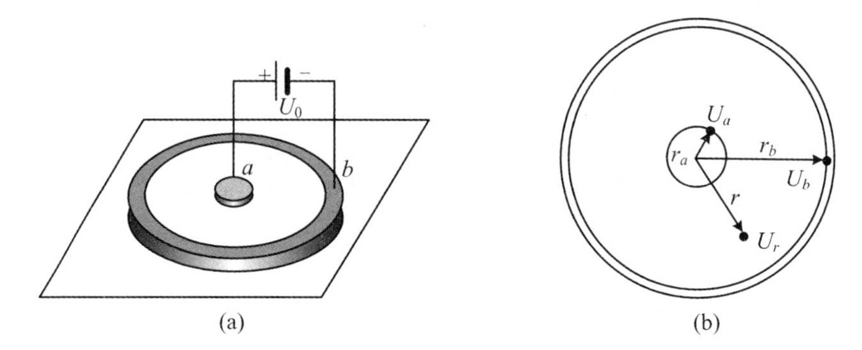

图 3.11.1 无限长同轴圆柱面间静电场的模拟

根据高斯定理，电荷均匀分布的无限长圆柱体的场强大小为

$$E = \frac{C}{r} \quad (r_a < r < r_b) \tag{3.11.2}$$

式中，C 由圆柱体上线电荷密度决定。由此得出

$$U_r = U_a - \int_{r_a}^{r} E\mathrm{d}r = U_a - C\ln\left(\frac{r}{r_a}\right) \tag{3.11.3}$$

当 $r=r_b$ 时，$U_r=U_b$，则

$$U_b = U_a - C\ln\frac{r_b}{r_a}$$

即有

$$C = \frac{U_a - U_b}{\ln\left(\dfrac{r_b}{r_a}\right)} \tag{3.11.4}$$

将式(3.11.4)代入式(3.11.3)，并取 $U_a=U_0$，$U_b=0$，则有：

$$U_r = \frac{U_0\ln\left(\dfrac{r_b}{r}\right)}{\ln\left(\dfrac{r_b}{r_a}\right)} \tag{3.11.5}$$

由式(3.11.5)变换得

$$\ln r = \ln r_b - \frac{U_r}{U_0}\ln\left(\frac{r_b}{r_a}\right) \tag{3.11.6}$$

显然，如取 $x=U_r/U_0$，$y=\ln r$ 代入式(3.11.6)，则得到一直线方程。因此，如果根据实验测量数据作出的 $y=y(x)$ 图线为一直线，则验证了柱形电容器中 $E=C/r$

的关系式,并可以根据直线的截距和斜率分别算出外环的内半径和内圆柱的半径。

3. 等势线的测量与描绘

为使静电场的模拟比较理想,所采用的导电介质要求电阻均匀且各向同性,实验通常采用导电纸(或水、或导电玻璃)作为导电介质。同时,要求电极和导电介质间的接触电阻应远小于导电介质的电阻。

电极的形状可以根据模拟的问题来确定,本实验采用的模拟二同轴带电圆柱体间静电场的电极及记录装置,如图 3.11.2 所示。本实验以水为导电介质,实验时将特定形状的电极放入水槽中,在电极上加稳恒直流电压以形成稳恒电流场。实验中直接采用电压表探测,找出对同一电极电势差相等的各点以确定电场的等势线。

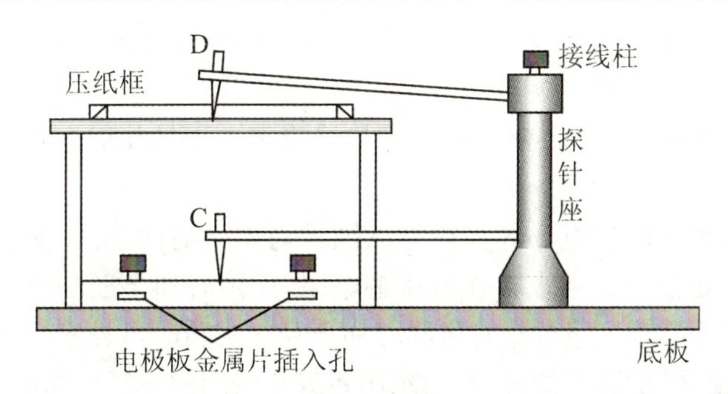

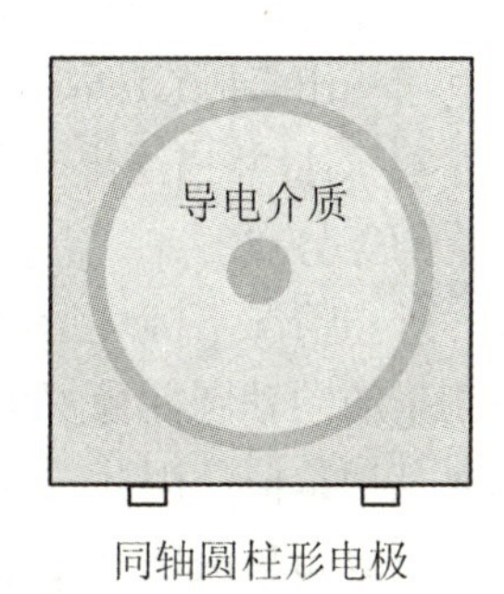

图 3.11.2 静电场模拟的记录装置与电极

图 3.11.2 的记录装置中,C 是探测棒,它与记录装置上的横臂绝缘,D 是记录棒,横臂为与支架相连的薄弹片,自由端可以上下板动,下压探棒时,探棒和导电纸接触可测量电势,找到等势点后,按下记录棒可以记录该点。根据各等势点的分布特征可以描绘出静电场的等势线。

实验如采用导电纸为导电介质,则可直接在导电纸下面垫上复写纸,记录时只要用表棒在测得的点上重按一下,测得的点就被印到下面的记录坐标纸上,同时由于复写纸能够双面复印,导电纸的灰白色反面也会留下该点的痕迹,从而获得各等势点的分布情况。

带电体周围的场强分布与带电体的几何形状、大小、所在点的位置和带电体所带的电量有关,电场的模拟模型也有各式各样,图 3.11.3 所示为几种常见的电极形式(置放于水槽中)。采用上述方法可描绘出不同形状的电极的静电场分布。

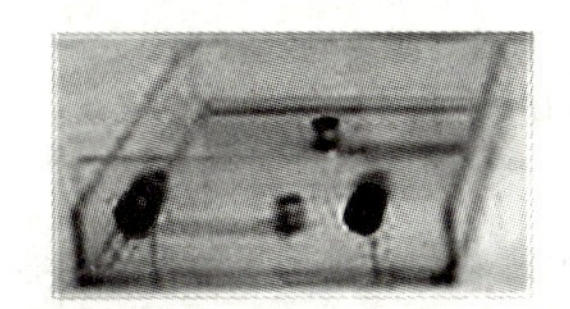

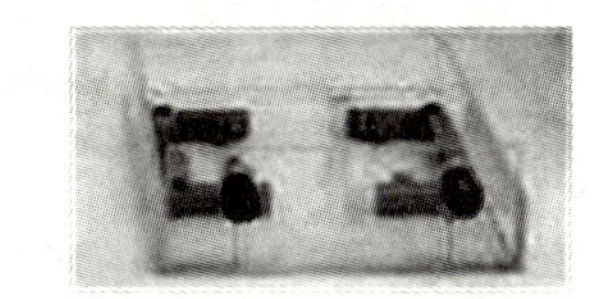

图 3.11.3 不同形状的电极

【实验内容与步骤】

1. 圆柱形电容器中静电场等势线分布的模拟描绘

① 将水槽装入适量的水(以正好可以淹没电极板为准),放入圆柱形电极板。

② 参照图 3.11.1 电路和图 3.11.2,将静电场描绘电源的输出端接到中央圆柱形电极和外侧圆环形电极的 A、B 两点上,探测电极接入静电场描绘电源输入端。

③ 记录纸放在上层卡紧,防止实验过程中移动而影响实验结果。

④ 打开静电场描绘电源开关,功能置于输出,调节电压输出为 10 V。

⑤ 将静电场描绘电源功能键打至探测端,先将探极置于中央圆柱形上,再调整电压输出,使其测量值为 10 V,以保证实际电势差为 10 V。

⑥ 测量并描绘出五条不同电势的等势线,每条等势线应至少测量并记录 6 个以上的等势点。

理想情况下圆柱形电容器中的静电场等势线是以轴线为中心的同心圆,实验中测量的同轴圆柱稳恒电流场由于接触点存在着接触电阻,使圆心和半径都可能偏离其理论值。因此只能根据实验测量数据确定圆心和半径。实验时可先根据等势线的分布目测估定一个"最佳"的圆心位置,然后求出各等势线圆的半径平均值。

⑦ 测量结果分析:

以 $x(=U_r/U_0)$ 为横坐标,$y(=\ln r)$ 为纵坐标作图,根据 $y=y(x)$ 的图线特点分析实验模拟是否成功。如成功,进一步利用图解法算出外环的内半径和内圆柱的半径,并将其结果和用游标尺直接测量的结果进行比较;如不成功,分析其可能原因。

2. 其他形状电极周围等势线分布的模拟测绘

选用其他形式电极,采用与上述实验相同的方法作多条等势线,观察其分布规律,并对此作出解释。

【思考题】

① 怎样求等势线的平均半径?

② 实验中记录等势点要注意些什么?

③ 在圆柱形电容器静电场模拟实验中,y 和 x 的直线关系为什么验证了 $E=C/r$ 关系式的成立?

④ 在模拟静电场实验中,如果改变水槽中液体的性质,结果将会怎样?试举例说明。

⑤ 水槽中水的深浅对静电场模拟结果有无影响?若水槽放置不平,则又如何?

实验十二　示波器的使用

电子示波器简称示波器，它能用于直接观察电信号的波形，测定信号电压、频率等量值。由于电学量(如电流、电阻等)及各种非电学量(如温度、压力、磁场、光强等)转换来的电信号均可利用示波器进行观察和测量，所以示波器是现代科学技术各领域中应用非常广泛的测量工具。

示波器有模拟示波器和数字存储示波器两大类，模拟示波器目前仍是应用最广泛的常规波形观察工具，本实验学习模拟示波器的原理与使用方法。

【实验目的】

① 了解通用示波器的基本结构和性能。

② 掌握示波器的使用方法。

③ 学习利用示波器观察电信号的波形，测量电压、频率和相位。

【仪器和用具】

通用示波器，信号发生器，移相器。

【实验原理】

1. 示波器的构造和原理

普通示波器有 5 个基本组成部分：示波管、垂直(Y 轴)放大电路、水平(X 轴)放大电路、扫描与同步电路、电源供给电路。其原理功能方框图如图 3.12.1 所示。

(1) 示波管

示波管是示波器一个重要组成部分，其基本结构如图 3.12.2 所示。它是由电子枪、偏转系统和荧光屏 3 个部分组成的特殊电子管。电子枪有阴极、控制栅极和阳极 3 个电极：阴极 K 被灯丝 H 加热发射电子；调节控制栅极 G 电势的高低可以控制到达荧光屏的电子流强度，使屏上光点的亮度(辉度)发生变化，此即“辉度调节”；阳极 A_1、A_2形成的电场对电子束有聚焦作用，改变阳极的电压可以调节电子束的聚焦程度，即荧光屏上光点的大小，此为“聚焦调节”。图 3.12.2 中阳极与荧光屏间的 XX'和 YY'为两对互相垂直的偏转极板，XX'为水平偏转板，YY'为垂直偏转板。在 X、Y 偏转板上加电压时，其电场可使高速运动的电子束及其在荧光屏上的光点沿水平、垂直方向发生偏移。荧光屏上涂有发光物质,受电子撞击时发出荧光,由于屏上荧光余辉和人眼的视觉残留,当偏转板上所加交变电压使电子束上下左右摆动时,屏上将呈现亮线即波形。

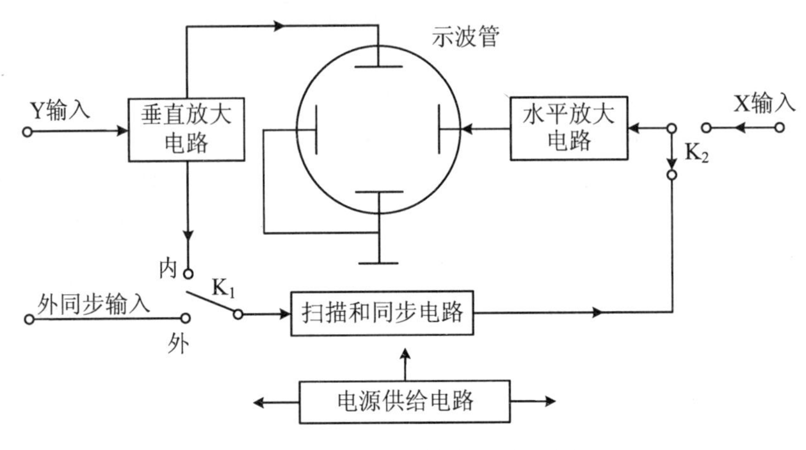

图 3.12.1 示波器原理方框图

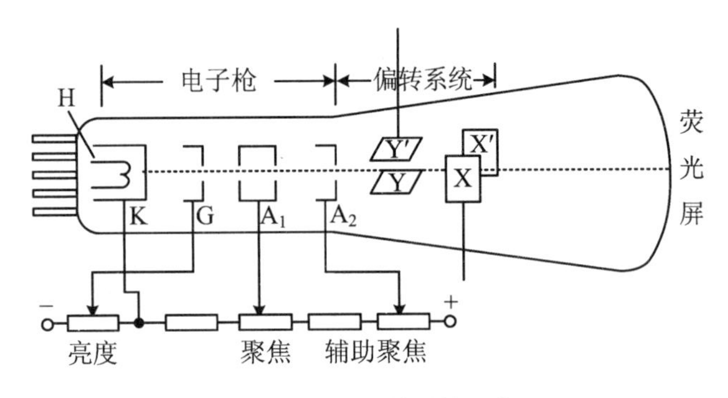

图 3.12.2 示波管结构示意图

(2) 垂直(Y 轴)放大电路

由于示波管的偏转灵敏度较低,一般的被测信号电压都要先经过垂直放大电路的放大,再加到示波管的垂直偏转板上,以得到垂直方向的适当大小的图形。在放大电路与 Y 输入端间有一个衰减器,其作用是使过大的输入信号电压减小,以适应放大器的要求。

(3) 水平(X 轴)放大电路

由于示波管水平方向的偏转灵敏度也很低,所以接入示波管水平偏转板的电压(锯齿波电压或其他信号电压)也要先经过水平放大电路的放大以后,再加到示波管的水平偏转板上,以得到水平方向适当大小的图形。同理,在放大电路与 X 输入端间也有一个衰减器，以适应观测需要。

（4）扫描与同步电路

若将正弦信号只加在Y、Y′偏转板上，荧光屏上将显示一条垂直亮线，而看不到正弦变化曲线。如同时在示波器的X偏转板上，加上和时间成正比变化的锯齿形电压信号，便会在荧光屏上描绘出正弦曲线（如图3.12.3所示）。它的基本过程是，开始XX′偏转板间电压为$-E$，屏上光点被推到最左侧，以后XX′偏转板间的电压匀速增加，屏上光点在沿Y轴振动的同时，匀速向右移动，留下了亮的图线——亮点的径迹，当XX′偏转板间电压达到最大值$+E$时，亮点移到最右侧，与此同时XX′偏转板间电压迅速降到$-E$，又将亮点移到最左侧，再重复上述过程。这种将加到Y偏转板上的电压信号在屏上展开成函数曲线图形的过程称为扫描，所加的锯齿形电压称为扫描电压。示波器由扫描发生器提供能在一定频率范围内连续可调的锯齿波扫描电压，作为波形显示的时间基线。

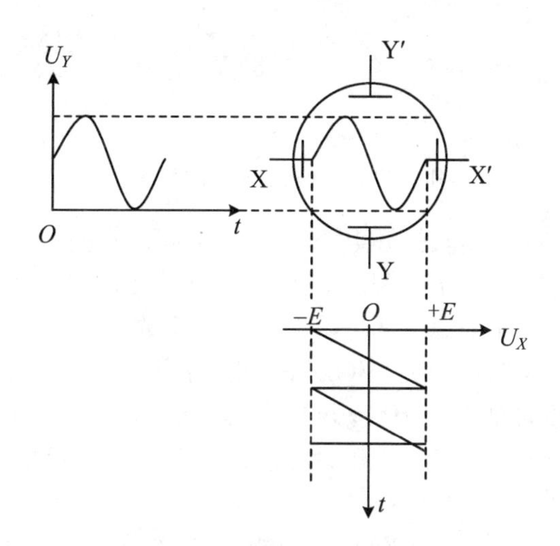

图3.12.3　示波器的示波原理

由上述扫描过程可知，为能观察到稳定的被测信号波形，被测信号的频率应是锯齿波电压频率的整数倍，以保证锯齿波扫描起始点能准确落在被测信号的同相位点，此称为“扫描同步”，由同步电路实现。扫描同步的触发信号可取自被测信号（图3.12.1中K_1置“内”）或由外部输入。

图3.12.1中K_2扳向上方时，可直接观察由X和Y输入信号的垂直合成图形。

（5）电源供给电路

电源供给电路供给垂直与水平放大电路、扫描与同步电路以及示波管与控制电路所需的负高压、灯丝电压等，它是示波器各部件正常工作的保障。

2. 示波器面板设置与功能

图3.12.4所示为YB4328通用的双踪示波器,其控制面板常用旋钮、按键、开关及接口等按功能分述如下:

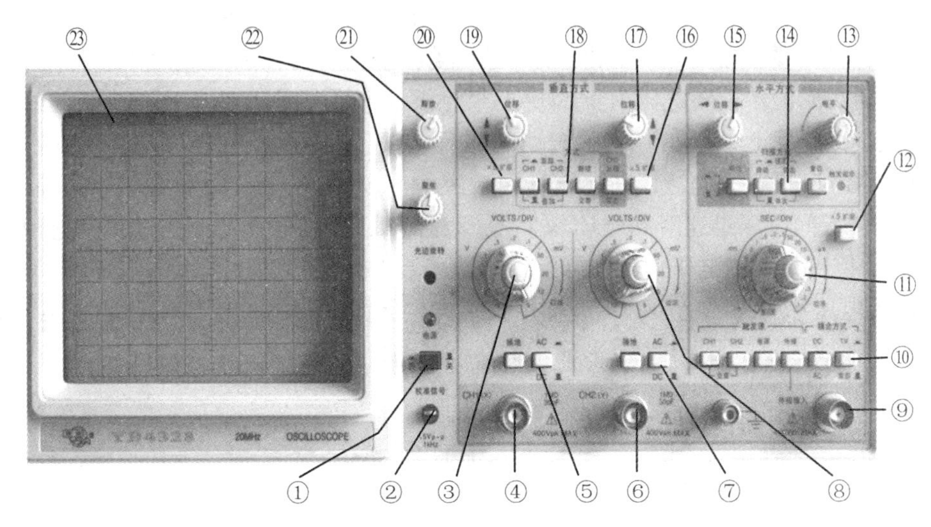

图3.12.4 YB4328示波器面板

① 电源开关(POWER):打开电源,开关上方指示灯亮。

② 探极校准信号(PROBE ADJUST):此端口输出幅度为0.5 V,频率为1 kHz的方波信号,用于校准Y轴偏转系数和扫描时间系数。

③ 通道1灵敏度选择开关(VOLTS/DIV):底端为粗调旋钮;顶端为微调旋钮,可连续调节垂直轴的偏转因数,调节范围≥2.5倍,该旋钮顺时针旋足时为校准位置,此时根据"VOLTS/DIV"开关度盘位置和屏幕显示幅度可读取该信号的电压值。

④ 通道1输入插座(CH1(X)):双功能端口,在常规使用时,此端口作为垂直通道1的输入口,当仪器工作在$X-Y$方式时,此端口作为水平轴信号输入。

⑤ CH1耦合方式(AC GND DC):垂直通道1的输入耦合方式选择,AC为信号中的直流分量被隔开,用于观察信号的交流成份;DC为信号与仪器通道直接耦合,当需要观察信号的直流分量或被测信号的频率较低时应选用此方式;GND为输入端处于接地状态,用于确定输入端为零电位时光迹所在位置。

⑥ 通道2输入插座(CH2(Y)):双功能端口,在常规使用时,此端口作为垂直通道2的输入口,当仪器工作在X-Y方式时,此端口作为垂直轴信号输入口。

⑦ 通道2耦合方式(AC GND DC):功能同(5)。

⑧ 通道2灵敏度选择开关(VOLTS/DIV):功能同(3)。

⑨ 触发信号输入端。

⑩ 触发指示(TRIG'S READY):指示灯具有两种功能指示,当仪器工作在非单次扫描方式时,灯亮表示扫描电路工作在被触发状态,当仪器工作在单次扫描方式时,灯亮表示扫描电路在准备状态,此时若有信号输入将产生一次扫描,指示灯随之熄灭。

⑪ 扫描速率(SEC/DIV):底端为粗调旋钮,可根据被测信号频率的高低,选择合适的挡级,当逆时针旋到底为"X－Y"位置,表示仪器工作方式为"CH1"与"CH2"两通道输入信号垂直叠加;顶端为微调旋钮,当扫描速率"微调"置于校准位置,即旋钮顺时针旋足时,可根据度盘的位置和波形在水平轴的距离读出被测信号的时间参数。

⑫ 扫描速率通道扩展开关(PULL×5):按下此开关,扫描速率增益扩展5倍。

⑬ 电平(LEVEL):用以调节被测信号在变化至某一电平时触发扫描。

⑭ 扫描方式(SWEEP MODE):选择产生扫描的方式。当仪器工作在锁定状态时,无需调节电平即可使波形稳定的显示在屏幕上。

⑮ 水平位移(POSITION):调节输入信号波形在水平方向的位置。

⑯ 通道2扩展(×5):按下此开关,通道2" VOLTS/DIV"增益扩展5倍。

⑰ 垂直位移(POSITION):调节通道2输入信号波形在垂直方向位置。

⑱ 垂直方式(MODE):选择垂直系统的工作方式。按下"CH1"或"CH2",显示通道1或通道2输入信号,同时按下两键,两通道信号同时出现;按下断续,两通道信号交替出现;按下"CH2"反相,表示通道2输入信号反相。

⑲ 垂直位移(POSITION):调节通道1输入信号波形在垂直方向位置。

⑳ 通道1扩展(×5):按下此开关,通道1" VOLTS/DIV"增益扩展5倍。

㉑ 辉度(INTENSITY):光迹亮度调节,顺时针旋转光迹增亮。

㉒ 聚焦(FOCUS):用以调节示波管电子束的焦点。

㉓ 显示屏。

3. 示波器的应用

示波器能够正确地显示各种波形的特性,因而可观察各种信号及跟踪其变化规律。利用示波器还可将待测波形与已知波形相比较,测量波形的幅度、频率和相位等各种参量。示波器种类、型号很多,不同种类的示波器的面板设置也有不同,但主要功能键基本相同,操作方法也基本相同。下面以YB4328二踪示波器为例,介绍其使用方法。

(1) 观察波形

接通电源前把各有关控制件置于表3.12.1所述位置。

接通电源,电源指示灯亮。稍等预热,屏幕中出现光迹,分别调节亮度和聚焦旋钮,使光迹的亮度适中、清晰。

将待测信号接入通道1“CH1(X)”或通道2“CH2(Y)”，调节 X 轴和 Y 轴的位移及电平使波形稳定易于观察。

表 3.12.1

控制件名称	亮度	聚焦	垂直方式	VOLTS/DIV	微调	位移
作用位置	居中	居中	CH1	0.1 V	顺时针旋足	居中
控制件名称	输入耦合	扫描方式	SEC/DIV	触发源	耦合方式	
作用位置	DC	自动	0.5 ms	CH1	AC 常态	

(2) 电压测量

在测量时一般把灵敏度“VOLTS/DIV”开关的微调装置以顺时针方向旋至满度的校准位置，这样可以按“VOLTS/DIV”的指示值即偏转因数 K(单位：V/DIV)直接计算被测信号的电压辐值。

1) 交流电压的测量

测量被测信号的交流成份时，应将 Y 轴输入耦合方式开关置于“AC”位置，调节“VOLTS / DIV”开关，使波形在屏幕中的显示幅度适中，调节“电平”旋钮使波形稳定，分别调节 Y 轴和 X 轴位移，使波形显示值便于读取。如图 3.12.5 所示，“VOLTS/DIV”置 2V 挡，则电压为

$$V_{P-P} = K(V/DIV) \times H(DIV) \tag{3.12.1}$$

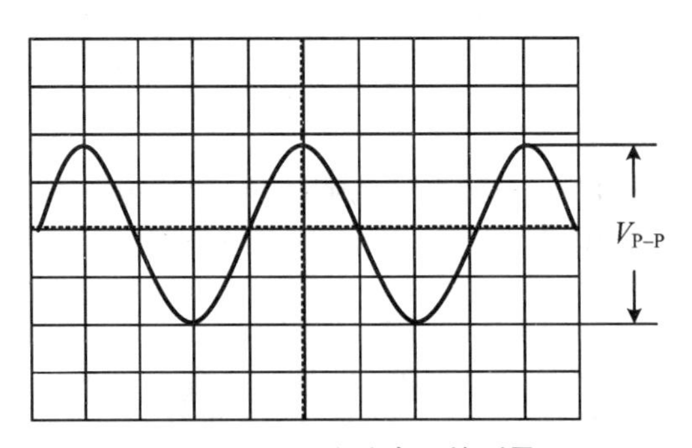

图 3.12.5　交流电压的测量

即

$$V_{P-P} = 2 \times 3.8\ V = 7.6\ V$$

则

$$V_{有效值} = \frac{V_{P-P}}{2\sqrt{2}} = 2.7\ V$$

如果使用的探头置于 10∶1 位置，应将上述结果乘以 10。

2) 直流电压的测量

测量直流电压时，应将 Y 轴耦合方式开关置于“GND”位置，调节 Y 轴位移使扫描基线在一个合适的位置上，再将耦合方式开关转换到“DC”位置，调节“电平”使波形同步，根据波形偏移原扫描基线的垂直距离，用上述方法读取该信号的各个电压值。

图 3.12.6 中如偏转因数 K 等于 0.5(V/DIV)，则直流电压为

$$U = 0.5 \times 3.7\ \mathrm{V} = 1.85\ \mathrm{V}$$

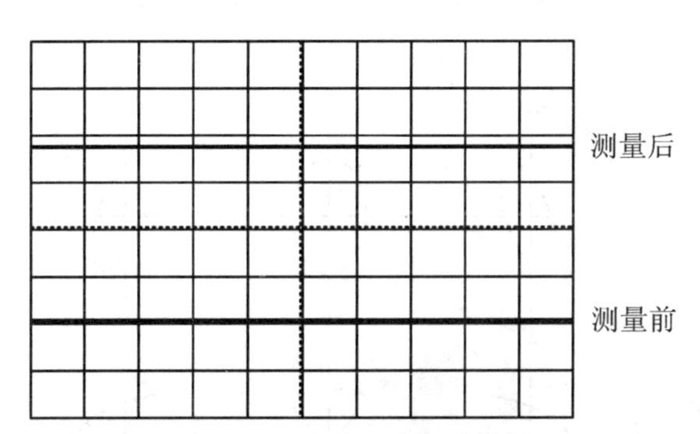

图 3.12.6　直流电压的测量

(3) 时间测量

对所测信号按上述方法获得稳定波形后，根据该信号周期或被测两点在水平方向的距离乘以“SEC/DIV”开关的指示值可得对应时间间隔，当需要观察该信号的某一细节(如快跳变信号的上升或下降时间)，可将“SEC/DIV”开关的扩展旋钮拉出，使显示的距离在水平方向得到 5 倍扩展，调节 X 轴位移，使波形处于方便观察的位置，此时测得的时间值应除以 5。

设两点间水平距离 L 格(DIV)，则该两点的时间间隔可由下式算出

$$\text{时间间隔(s)} = \frac{L(\mathrm{DIV}) \times \text{扫描速率(SEC/DIV)}}{\text{水平扩展系数}} \tag{3.12.2}$$

如 L 正好对应周期性信号相邻的两同相位点的间距，则式(3.12.2)给出所测信号的周期。

(4) 频率的测量

1) 直接测量

将待测信号输入示波器 Y 轴(双踪示波器任一信号输入端均可)，选择合适的扫描速率，即将“SEC/DIV”置于适当位置，调节出稳定波形后，按时间测量的方法测出该信号的周期，根据周期与频率互为倒数关系可算得频率。若被测信号波形较密，可根据 N 个周期的时间确定频率。比如，N 个周期的波形 X 轴方向占 10 格(DIV)，则待测信号频率为：

$$f(\mathrm{Hz}) = \frac{N(\text{周期数})}{\text{扫描速率(SEC/DIV)} \times 10} \tag{3.12.3}$$

2) 利用利萨如图形法测量

将扫描速率“SEC/DIV”开关旋至“X－Y”位置,把频率为 f_x 和 f_y 的两简谐波信号分别输入“CH1(X)”和“CH2(Y)”两通道,如两信号频率成简单整数倍关系时,屏上会显示一稳定的图形,称为利萨如图形。利萨如图形的形态与两信号频率比和相位差有关,如图 3.12.7 所示,其频率关系可表示为

$$\frac{f_y}{f_x}=\frac{\text{图形与 } X \text{ 轴切点数}}{\text{图形与 } Y \text{ 轴切点数}}=n \qquad (3.12.4)$$

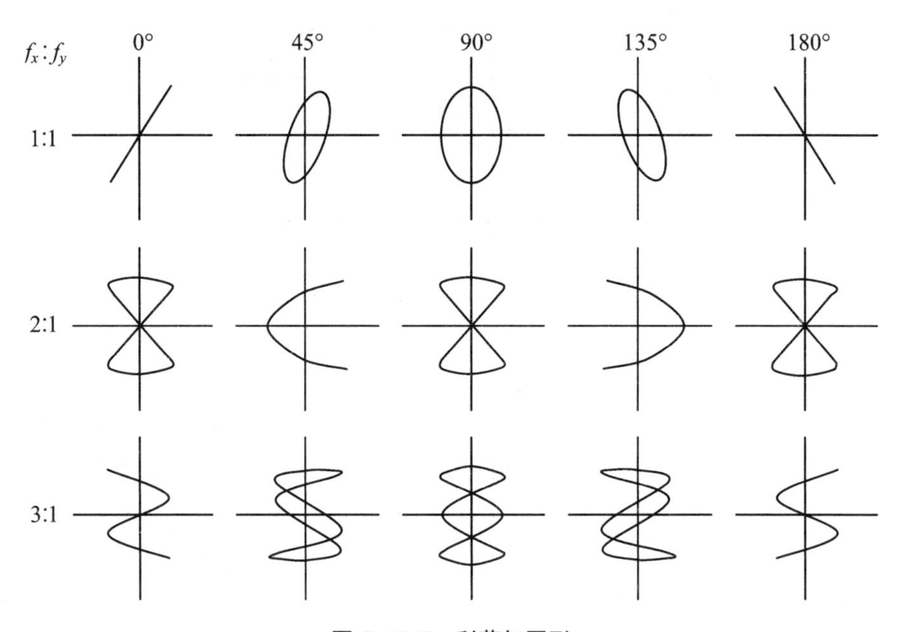

图 3.12.7 利萨如图形

因此,若 CH1(X)通道输入频率 f_x 可调的标准信号,待测信号由 CH2(Y)通道输入,调节频率 f_x 直至出现稳定的利萨如图形,则由式(3.12.4)可得待测信号频率 f_y:

$$f_y=nf_x$$

注意:由于两种信号的频率不会非常稳定和严格相等。因此得到的利萨如图形可能不很稳定,应仔细微调标准信号频率,使呈现变化最缓慢的利萨如图形即可。

(5) 两同频率正弦信号相位差的测量

1) 双踪显示法

根据两个信号的频率,选择合适的扫描速度,并将垂直方式开关根据扫描速度的快慢分别置于“交替”或“断续”位置,将“触发源”选择开关置于被设定作为测量基准的通道,调节电平使波形稳定同步,再调节两通道的“VOLTS/DIV”及其微

调，使两通道显示的幅度相等，如图 3.12.8 所示。调节"SEC/DIV"微调，使参考波形信号的周期在屏幕中显示的水平距离为 n 格（n 宜取整数），则每格的相位角为 $360°/n$，而被测信号超前或滞后的相位，可由两波形在水平对称轴上相邻两点（如图 3.12.8 中所示的水平差距）间格数乘以每格的相位角即可求得。

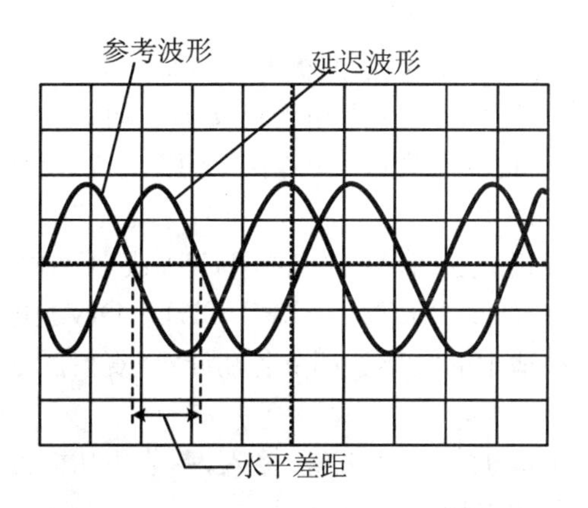

图 3.12.8　利萨如图形法测相位差

2）利萨如图形法

当将扫描速率"SEC/DIV"旋至"X－Y"时，可根据利萨如图形测量频率，如图 3.12.9 所示，Y 轴与 X 轴输入信号的相位差为：

$$\varphi = \arcsin \frac{x_0}{a}$$

或

$$\varphi = \pi - \arcsin \frac{x_0}{a}$$

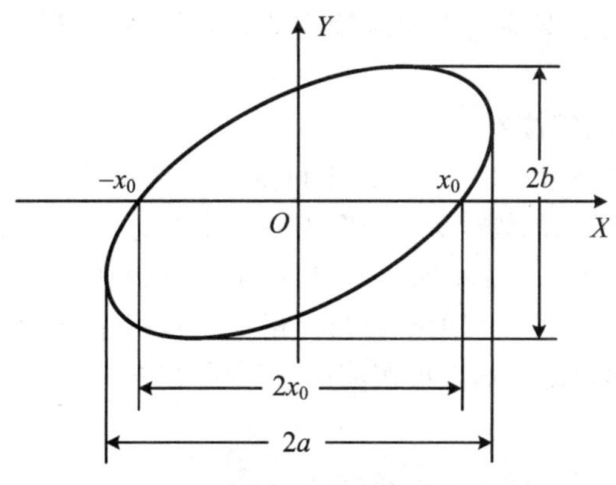

图 3.12.9　利萨如图形测相位差

若使用单踪示波器,由于无法同时显示两信号的波形,则只能采用利萨如图形法测两信号间的相位差。

【实验内容与步骤】

1. 观察波形

① 在使用示波器前,应将示波器面板上各旋钮置于适当位置。

② 打开电源开关,指示灯亮,表明电源已接通。调节"辉度"旋钮,在显示屏上会出现一条亮线或亮点,使其亮度适中;调节"聚焦"旋钮,使亮线细而亮(或光点圆且小)。

③ 将信号发生器正弦波信号输入"CH1"(或"CH2"),分别取信号频率(50 Hz、1 kHz、20 kHz,通过"SEC/DIV"、"VOLTS/DIV"、电平(LEVEL)等的调节获得稳定且幅度大小适中的波形。调节各功能键,观察图形变化特点,了解各功能键对图形的影响。

④ 选择不同信号(如方波、三角波等)输入,调节各功能键,获取稳定信号波形并观察各功能键对图形的影响。

2. 测量电压

测量前述信号发生器输入的正弦波信号电压(注意"VOLTS/DIV"上微调旋钮的位置);改变信号发生器输出信号电压大小,重复上述测量。

3. 测量频率或周期

① 将正弦波信号输入"CH1"(或"CH2"),选择适当的输入频率(如 100 Hz、1 kHz、5 kHz 等),直接测量各信号的频率。

② 利用利萨如图形测量上述各信号的频率。

将信号发生器的正弦波信号作为标准信号,与另一未知频率的正弦波信号分别接入"CH1(X)"和"CH2(Y)"两通道,将扫描速率"SEC/DIV"开关旋至"X - Y"位置。调节标准信号的频率直至出现稳定的利萨如图形,利用式(3.12.4)计算待测信号频率。

4. 测量移相器的相位差

移相器电路如图 3.12.10 所示,调节可变电阻 R_2 可改变 U_{OA} 与 U_{OD} 的相位差 φ 值,但不改变 U_{OA} 与 U_{OD} 的幅度大小,当 $R_2=0$ 时,U_{OA} 与 U_{OD} 相差 180°;当 R_2 足够大,$U_{OA}=U_{OD}$,即 D 点顺时针转到 A 点,U_{OA} 与 U_{OD} 的相位相同,因此 φ 值可取自 0 到近 180°的范围。将示波器接地端钮与移相器 O 点相连;X 和 Y 输入端分别与 D 和 A 点相连,调节出稳定波形即可按前述"5"中所述方法进行测量。

【注意事项】

① 示波器输入信号的电压请勿超过规定的最大值。

② 为了保护示波器的荧光屏,波形显示的亮度要适中,且操作时注意不要使光点长时间停留在一处。

③ 示波器暂时不用时,不必关机,只须将“辉度”调暗一些。

④ 示波器上所有开关和旋钮都有一定的调节范围,按顺时针或逆时针方向调节时不可用力过猛。

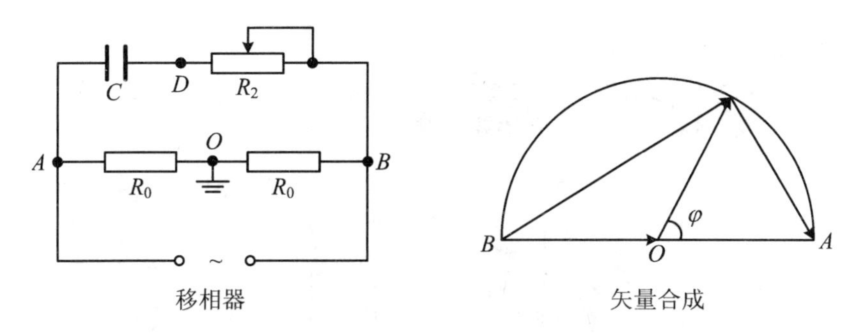

图 3.12.10　移相器电路及其矢量图

【思考题】

① 在示波器上观察到的信号波形不断向右或向左移动,这是什么原因?调节什么旋钮才能使波形稳定?如观察到的信号波形过密,应如何处理?

② 示波器能否精确测量电压、周期、频率和相位差,为什么?

③ “触发电平”旋钮的作用是什么?采用示波器的“X－Y”工作方式时“触发电平”旋钮还有作用吗,为什么?

【附录】 信号发生器简介

信号发生器的基本功能是提供各种交流测试信号,它的型号种类很多,这里以常用的SP1641B型函数信号发生器为例进行介绍。该信号发生器输出频率在0.1 Hz～50 MHz并以数字显示,显示的有效数字为5位,可输出波形有正弦波、方波和三角波。

该信号发生器面板如图3.12.11所示,其主要按键或旋钮的作用如下:

① 频率显示窗口:显示输出信号的频率或外测频信号的频率。

② 幅度显示窗口:显示输出信号的电压幅度。

③ 扫描宽度调节旋钮:可调节扫频输出的频率范围。在外测频时,逆时针旋到底(绿灯亮),为外输入测量信号经过低通开关进入测量系统。

④ 扫描速率调节旋钮:可改变内扫描的时间长短。在外测频时,逆时针旋到底(绿灯亮),为外输入测量信号经过衰减“20 dB”进入测量系统。

⑤ 扫描/计数输入插座:当"扫描/计数(13)"功能选择在外扫描状态或外测频功能时,外扫描控制信号或外测频信号由此输入。

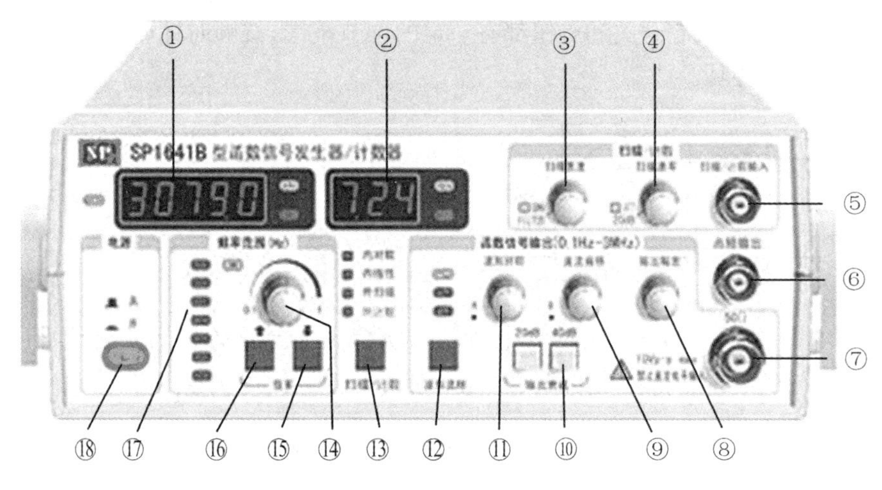

图 3.12.11 SP1641B 型函数信号发生器

⑥ 点频输出端:输出标准正弦波 100 Hz 信号,输出幅度 $2V_{P-P}$。

⑦ 函数信号输出端:输出多种波形受控的函数信号,输出幅度 $20V_{P-P}$(1 MΩ 负载),10 V_{P-P}(50 Ω 负载)。

⑧ 函数信号输出幅度调节旋钮:调节输出信号的电压大小。

⑨ 函数输出信号直流电平偏移调节旋钮:调节范围:−5～+5 V(50 Ω 负载),−10～+10 V(1 MΩ 负载)。当电位器处在关位置时,则为 0 电平。

⑩ 函数信号输出幅度衰减开关:"20 dB"、"40 dB"键均不按下,输出信号无衰减直接输出到插座口;按下"20 dB"或"40 dB"键,使输出信号衰减为 1/10 或1/100;同时按下"20 dB"和"40 dB"键时输出信号衰减到 1/1 000。

⑪ 输出波形对称性调节旋钮:可改变输出信号的对称性,当电位器处在关位置时,则输出对称信号。

⑫ 函数输出波形选择按钮:可选择正弦波、三角波、方波输出,当选定某波形时,对应的指示灯亮。

⑬ "扫描/计数"按钮:可选择多种扫描方式和外测频方式,当选定某方式后,对应的指示灯亮。

⑭ 频率微调旋钮:调节此旋钮可微调输出信号频率。

⑮ 倍率选择按钮:每按一次可递减(递增)输出频率一个频段。

⑯ 倍率选择按钮:每按一次可递减(递增)输出频率一个频段。

⑰ 频率指示:显示输出的频率范围。

⑱ 电源开关。

基本操作方法：

接通电源，用“波形选择”按钮选择输出信号类型，调节“频率微调”和“倍率选择”旋钮可控制输出信号频率，调节“幅度调节”旋钮（可选择“幅度衰减”）控制输出信号电压大小。

实验十三　薄透镜焦距的测定

透镜是光学仪器中最基本的元件，而焦距则是反映透镜性质的一个重要参数，透镜的成像位置及其特点（大小、虚实等）均与其焦距有关。实际工作中常需测定不同透镜的焦距，本实验学习薄透镜焦距的常用测量方法。

【实验目的】

① 学习测量薄透镜焦距的几种方法。

② 掌握简单光路的分析和调整方法。

③ 了解透镜成像原理，观察透镜成像的像差。

【仪器和用具】

光具座，凸透镜，凹透镜，平面反射镜，物屏，白屏，光源。

【实验原理】

1. 薄透镜成像公式

透镜可分为凸透镜和凹透镜两类。凸透镜具有使光线会聚的作用，凹透镜则具有使光线发散的作用。当透镜的厚度与其焦距相比很小时，这种透镜称为薄透镜。在近轴光线条件下，薄透镜（包括凸透镜和凹透镜）成像的规律均可表示为

$$\frac{1}{u}+\frac{1}{v}=\frac{1}{f} \tag{3.13.1}$$

式中 u 表示物距，v 表示像距，f 为透镜的焦距，u、v 和 f 均从透镜的光心 O 点算起（如图 3.13.1 所示）。物距 u 恒为正值，像距 v 的正负由像的实虚来确定，实像时 v 取正，虚像时 v 取负，凸透镜的 f 恒为正值；凹透镜的 f 恒为负值。

2. 凸透镜焦距的测量原理

(1) 物距像距法

如图 3.13.1 所示,物体发出的光线,经过凸透镜折射后将成像在另一侧。将测出的物距 u 和像距 v 代入式(3.13.1)即可算出透镜的焦距

$$f=\frac{uv}{u+v} \tag{3.13.2}$$

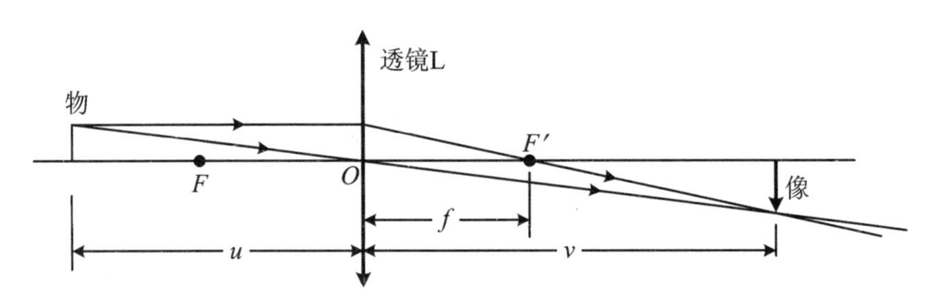

图 3.13.1 凸透镜成像光路图

(2) 自准法

当物点位于凸透镜的焦平面上时,它发出的光线通过透镜后将为一束平行光。如图 3.13.2 所示,若用与主轴垂直的平面镜将此平行光反射回去,反射光再次通过透镜后将成像于透镜的焦平面上,且像点在物点相对于光轴的对称位置上。此时物屏与透镜光心的距离即为该透镜的焦距。

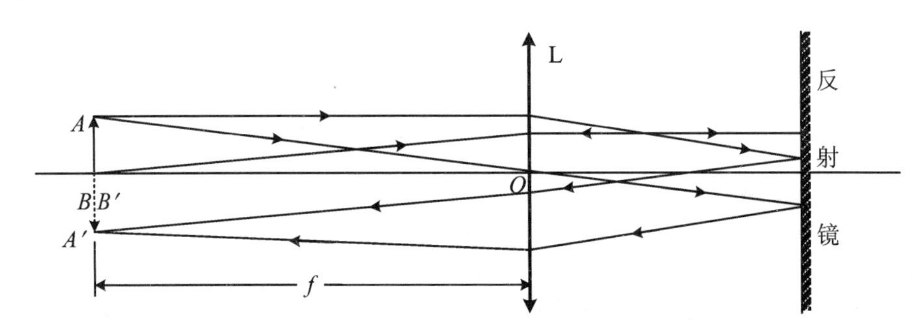

图 3.13.2 自准法测凸透镜焦距光路图

(3) 共轭法

如图 3.13.3 所示,设物和像的距离为 l(要求 $l>4f$),并且保持不变。移动透镜,当它在 O_1 处时,屏上将出现一个放大的清晰的像(设此时物距为 u,像距为 v);当它在 O_2 处(设 O_1O_2 之间的距离为 d)时,在屏上又得到一个缩小的清晰的像。

利用透镜成像公式(3.13.1)可导得:

$$f=\frac{l^2-d^2}{4l} \tag{3.13.3}$$

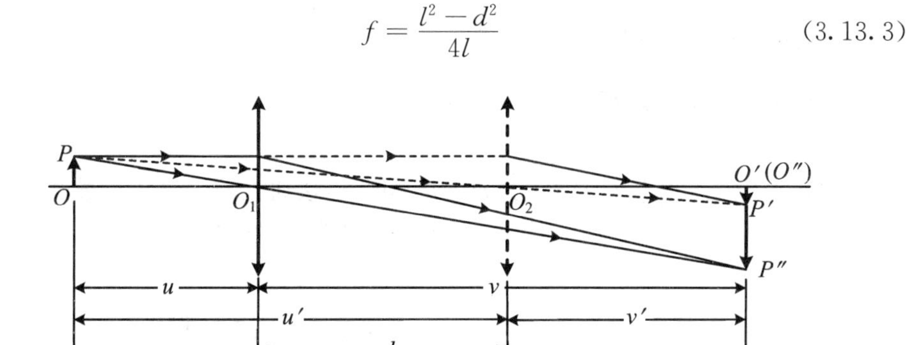

图 3.13.3　共轭法测凸透镜焦距光路图

3. 凹透镜焦距的测量原理

(1) 物距像距法

如图 3.13.4 所示，从物点 A 发出的光线经过凸透镜 L_1 会聚于 B 点，若在凸透镜 L_1 和像点 B 之间插入一个焦距为 f 的凹透镜 L_2，由于凹透镜的发散作用，光线的实际会聚点将移到 B' 处。根据光线传播的可逆性，如果将物置于 B' 处，由物点发出的光线经透镜 L_2 折射后所成虚像将落在 B 点处，则根据薄透镜的成像公式(3.13.1)可得 L_2 的焦距(v 取负值)。

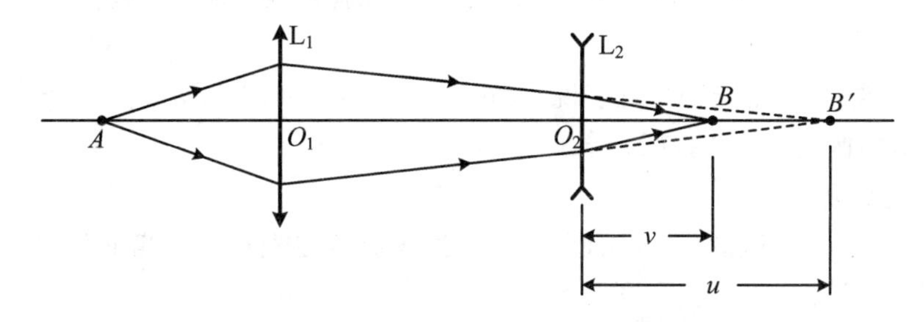

图 3.13.4　物距像距法测凹透镜焦距光路图

(2) 自准法

如图 3.13.5 所示，将物点 A 安放在凸透镜 L_1 的主光轴上，测出它的成像位置 P 点。保持凸透镜 L_1 位置不变，在 L_1 和像点 P 之间插入待测凹透镜 L_2 和平面反射镜 M，使 L_2 与 L_1 的光心 O_1、O_2 共轴。移动 L_2，使由平面镜 M 反射的光线经 L_2、L_1 后，仍成像于 A 点。此时，从凹透镜到平面镜上的光将是一束平行光，P 点就成为由平面镜 M 反射回去的平行光束的虚像点，也就是凹透镜 L_2 的焦点。测出 L_2 的位置，则间距 $\overline{O_2P}$ 即为该凹透镜 L_2 的焦距。

【实验内容与步骤】

1. 测量凸透镜的焦距

(1) 自准法

将物、凸透镜、平面反射镜依次装在光具座上,接通光源。改变凸透镜位置,直至物屏上出现清晰的像为止,测出此时的物距,即为透镜的焦距。

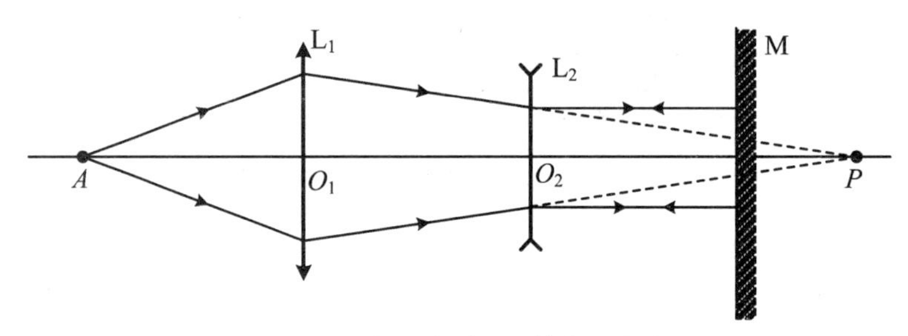

图 3.13.5 自准法测凹透镜焦距光路图

(2) 物距像距法

① 在物距 $u>2f$ 和 $2f>u>f$ 的范围内,各取两个 u 值,再取 $u=2f$,按公式(3.13.1)计算焦距。

② 取 $u<f$,观察能否用屏得到实像?应当怎样观察才能看到物像?试画出光路图并加以分析。

③ 根据以上观测结果,列表说明物距 $u=\infty$、$u>2f$、$2f>u>f$、$u=f$ 和 $u<f$ 时所对应的像距和成像特征。

(3) 共轭法

① 将物屏、凸透镜、像屏按图 3.13.3 所示放置在光具座适当的位置上,取物和像屏的间距 $l>4f$,记下 l 的读数。

② 移动透镜,当像屏上出现清晰的放大像和缩小像时,记录透镜所在位置 O_1、O_2 的读数以算出 d 值,再由式(3.13.3)算出 f。

③ 多次改变 l,测出相应的 d,对于每一组 l、d 分别算出 f。计算其平均值和测量的不确定度。

注意:间距 l 不要取太大,否则缩小的像很难观测。

2. 测量凹透镜的焦距

分别用物距像距法和自准法测量凹透镜的焦距。测量数据的读数方法与上述方法一致,具体实验步骤自已设计。

注意:由于人眼对成像的清晰程度判断的误差,采用上述各种方法测量透镜焦距时,应采用左右逼近法读数,即分别使透镜或像屏由左向右和由右向左移动,确定像均清晰的范围,取读数对应这一范围的中点。

【思考题】

① 为什么要调节光学系统共轴?调节共轴有那些要求?怎样调节?

② 用“自准法”测凸透镜的焦距时,平面反射镜起什么作用?反射镜离透镜远近不同,对成像有无影响?

③ 从“自准法”光路图,我们知道,物距、像距和焦距三者是相等的,如果把三个量代入透镜成像公式会出现什么情况?满足薄透镜成像公式吗?

④为何在测凹透镜焦距时,先使凸透镜成一缩小的实像?当放上凹透镜后,这个像位于凹透镜的焦点之外还是之内?为什么?

⑤ 在应用“共轭法”测量凸透镜焦距时,要求 $l>4f$,那么是不是越大越好?

实验十四 用牛顿环测凸透镜的曲率半径

光的干涉现象在科学研究和工业技术上有着广泛应用,如微小长度、厚度、角度及透镜的曲率半径等几何量的精确测量以及光学元件表面光洁度和平整度的检验等。牛顿环和劈尖干涉就是用分振幅方法产生的两个典型的等厚干涉现象,其中,牛顿环之命名源于牛顿在研究薄膜的色彩问题中最先(1675 年)发现这一干涉现象。本实验学习用牛顿环测定透镜曲率半径的方法,以加深对等厚干涉原理及其应用的理解。

【实验目的】

① 掌握用牛顿环测定透镜曲率半径的方法。

② 通过实验加深对等厚干涉原理的理解。

【仪器和用具】

牛顿环仪,钠光灯,读数显微镜。

【实验原理 】

将一块曲率半径较大的平凸透镜放在一块玻璃平板上,用单色光垂直照射透镜与玻璃板,就可以观察到如图 3.14.1 所示的明暗相间的同心圆环,此即牛顿环的干涉图样。其特点是圆环分布中间疏而边缘密,圆心在接触点处;从反射光看到的牛顿环中心是暗的,从透射光看到的牛顿环中心是明的;若用白光入射,将观察到彩色圆环。

牛顿环装置及光路如图 3.14.2 所示。设 R 为透镜的曲率半径,r_k 为第 k 个暗环的半径,t_k 为第 k 个暗环对应的空气薄膜的厚度,且满足 $t_k \ll R$,则由几何关系可得它们之间的关系式为

$$t_k = R - \sqrt{R^2 - r_k^2} \approx \frac{r_k^2}{2R} \tag{3.14.1}$$

以波长为 λ 的光垂直入射时,与第 k 级圆环对应的两相干光的光程差为

$$\delta = 2t_k + \frac{\lambda}{2} \tag{3.14.2}$$

由干涉条件知,对暗环有

$$\delta = 2t_k + \frac{\lambda}{2} = (2k+1)\frac{\lambda}{2}$$

则可导出

$$R = \frac{r_k^2}{k\lambda} \qquad (k = 1, 2, 3, \cdots) \tag{3.14.3}$$

k 为干涉级数(即圈数)。因此,如果入射光的波长 λ 已知,则只要测出第 k 级干涉圆环的半径 r_k,便可求出透镜的曲率半径 R。

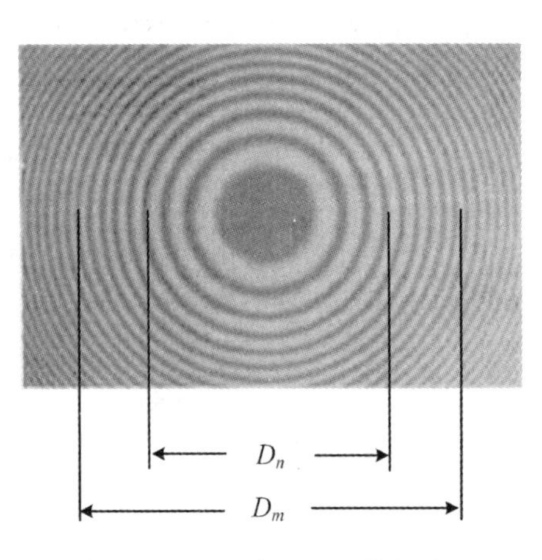

图 3.14.1 牛顿环干涉条纹

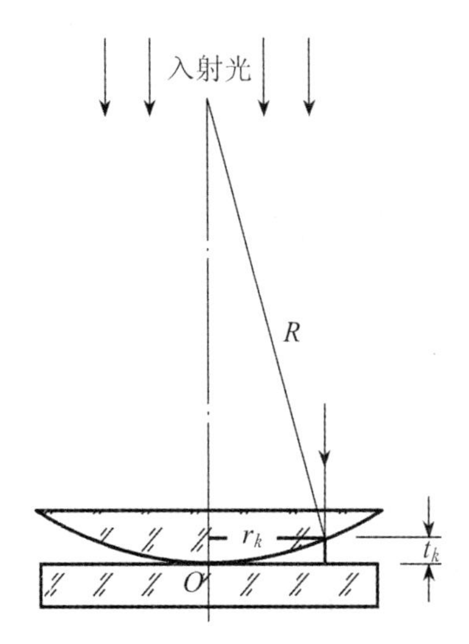

图 3.14.2 牛顿环装置光路示意

由于玻璃总要受到机械压力而产生一定的形变，因此凸透镜与平板玻璃之间不可能为理想的点接触，使得 r_k 的起点即圆心难以定位，同时，靠近圆心处环纹也比较模糊和粗阔（图 3.14.1），以致很难准确地判断出环纹的干涉级数 k，即干涉环纹级数和序数不一定一致。为了减少测量误差，通常是分别测量距中心较远、比较清晰的两个不同干涉级暗环的直径 D_m 和 D_n，则利用式（3.14.3）可导得

$$R=\frac{D_m^2-D_n^2}{4(m-n)\lambda} \tag{3.14.4}$$

如果改变牛顿环凸透镜和平板玻璃间的压力，使其间空气薄膜的厚度发生微小变化，干涉条纹就会移动，利用此原理还可精密地测定压力或长度的微小变化、检验光学元件表面光洁度和平整度等。

【实验内容与步骤】

1. 调节测量装置

直接用眼睛观察牛顿环仪，看干涉条纹是否为圆环形且位于牛顿环仪的透镜中心。必要时可调节牛顿环仪的三个螺栓，使符合观察要求（注意螺栓不可拧得太紧，以免损坏透镜）。

将牛顿环仪按图 3.14.3 置于载物台中心，调节光源及反射镜，使读数显微镜中呈现明亮的视场。

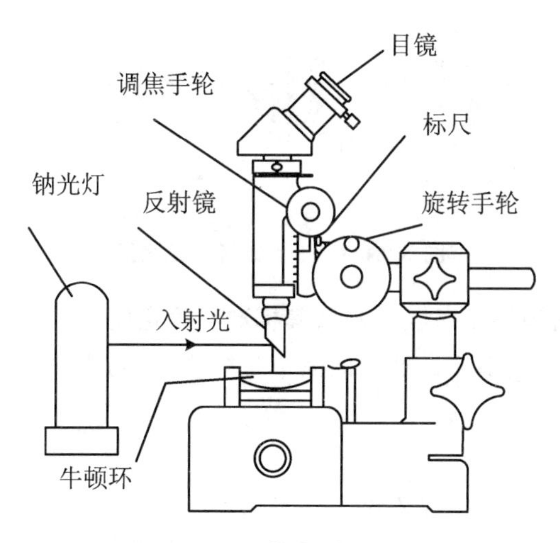

图 3.14.3　牛顿环观测装置

调节读数显微镜的目镜，看清目镜中十字叉丝后，使读数显微镜从接近牛顿环仪位置缓慢上升，直至观察到最清晰的环纹。

2. 测量干涉圆环直径

先使显微镜筒内“十”字刻线交点对准暗斑中心,水平方向的叉丝与显微镜筒移动方向平行,即显微镜筒移动时可观察到竖直方向的叉丝与各环纹相切。再转动手轮使显微镜从中心向一方移动,同时数出扫过暗环的数目(中心为 0,向外依次为 1,2,…),直到第 k(设取 $k=26$)圈以外(即被测的最远圆环以外),然后反向移动显微镜,当竖线分别与第 $k,k-1,\cdots,6$ 暗环相切时,依次记录显微镜上读数 $x_k,x_{k-1},\cdots,x_6$(由于中心附近较模糊,接近暗心的圆环较宽不易测准,一般取 k 大于 5,故不采用 1 到 5 各环)。继续向同一方向移动显微镜,经过暗心后(如图 3.14.4),从对称的第 $6'$ 个暗环开始,依次记录对应的读数 $x'_6,\cdots,x'_{k-1},x'_k$。两边脚标相同的 x_k 值之差就是第 k 个暗环的直径 D_k

$$D_k = |x'_k - x_k| \tag{3.14.5}$$

根据式(3.14.5)算出各环直径,如取式(3.14.4)中环差$(m-n)$为 10,则有

$$\Delta_1 = D_{16}^2 - D_6^2, \Delta_2 = D_{15}^2 - D_5^2, \cdots, \Delta_{10} = D_{26}^2 - D_{16}^2$$

由式(3.14.4)可知,上列各 Δ 值的理论值应相等;为减小测量误差,取它们的平均值为$(D_m^2 - D_n^2)$的测量值。

将牛顿环位置转适当角度,重复上述测量。

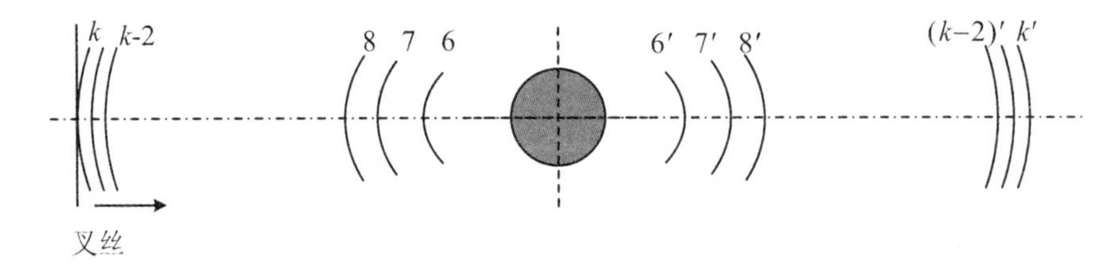

图 3.14.4 干涉圆环直径测量

3. 计算平凸透镜的曲率半径 R 及其标准不确定度

利用式(3.14.4)计算平凸透镜的曲率半径 R,并对 R 的测量标准不确定度作出估计。

注意:

① 环数不可数错,如发现环数不对,应重测。

② 测量中,应保持桌面稳定,不受振动,显微镜与牛顿环之间不能有位置错动。

③ 防止读数显微镜的“回程误差”,测量时要单向缓慢移动显微镜筒。

④ 实验完毕,应将牛顿环的调节螺栓松开,以免凸透镜变形。

【数据记录与处理】

1. 实验数据记录

表 3.14.1　牛顿环实验测量数据表

环数 m	环纹位置(mm)		环纹直径(mm)	环数 n	环纹位置(mm)		环纹直径(mm)	$\Delta=D_m^2-D_n^2$ $(m-n=10)$
	$x_左$	$x_右$			$x_左$	$x_右$		
25				15				
24				14				
23				13				
22				12				
21				11				
20				10				
19				9				
18				8				
17				7				
16				6				

2. 实验数据处理

两环直径平方差的平均值

$$\overline{\Delta}=\overline{D_m^2-D_n^2}=\frac{1}{10}\sum_{i=1}^{10}\Delta_i=\frac{1}{10}\sum_{i=1}^{10}(D_{15+i}^2-D_{5+i}^2)$$

透镜曲率半径测量值

$$\overline{R}=\frac{\overline{D_m^2-D_n^2}}{4(m-n)\lambda}$$

对不确定度 $u(D_m^2-D_n^2)$ 的估计

A 类
$$u_A(\overline{D_m^2-D_n^2})=\sqrt{\frac{\sum\limits_{i=1}^{10}(\Delta_i-\overline{\Delta})^2}{10(10-1)}}$$

B 类不确定度源自仪器，读数显微镜误差 $\Delta_仪=0.005\ \mathrm{mm}$，直接测量牛顿环位置时

$$u_B(x_左)=u_B(x_右)=\frac{\Delta_仪}{\sqrt{3}}=0.002\,9\ \mathrm{mm}$$

$$u_B(D_m)=u_B(D_n)=\sqrt{2}u_B(x)=0.004\,1\ \mathrm{mm}$$

考虑到仪器误差传递关系，有

$$u_B(D_m^2 - D_n^2) = 2u_B(D_m)\sqrt{D_m^2 + D_n^2}$$

式中，$D_m^2 + D_n^2$ 取值有一定范围，可取最大值。因此，$D_m^2 - D_n^2$ 的合成标准不确定度为

$$u(D_m^2 - D_n^2) = \sqrt{u_A^2(\overline{D_m^2 - D_n^2}) + u_B^2(D_m^2 - D_n^2)}$$

入射光波长 $\lambda = 589.3\ \text{nm}$，其不确定度较小，忽略不计，则曲率半径测量不确定度为

$$u(R) = \overline{R}\,\frac{u(D_m^2 - D_n^2)}{\overline{D_m^2 - D_n^2}}$$

透镜曲率半径测量结果

$$R = \overline{R} \pm u(R)$$

【思考题】

① 牛顿环干涉条纹的中心为什么是暗斑？什么情况下会是亮的？试观察透射光的牛顿环干涉条纹，并与反射光的条纹比较，有何不同？

② 如果用不同放大倍数的显微镜测牛顿环的直径，结果是否相同？为什么？

③ 如果被测透镜是双凸透镜，能否应用本实验方法测定两曲面的曲率半径？试说明理由。

【附录】　劈尖干涉

两块平面玻璃片，将它们的一端互相叠合，另一端垫入一薄纸片或一细丝，则在两玻璃片间形成一端薄、一端厚的空气薄层，这是一个劈尖形的空气膜，叫做空气劈尖，如图 3.14.5 所示。空气膜的两个表面即两块玻璃片的内表面。两玻璃片叠合端的交线称为棱边，其夹角 θ 称劈尖楔角。在平行于棱边的直线上各点，空气膜的厚度 e 是相等的。当平行单色光垂直照射玻璃片时，就可在劈尖表面观察到明暗相间的干涉条纹。这是由空气膜的上、下表面反射出来的两列光波叠加干涉形成的，如图 3.14.6 所示。

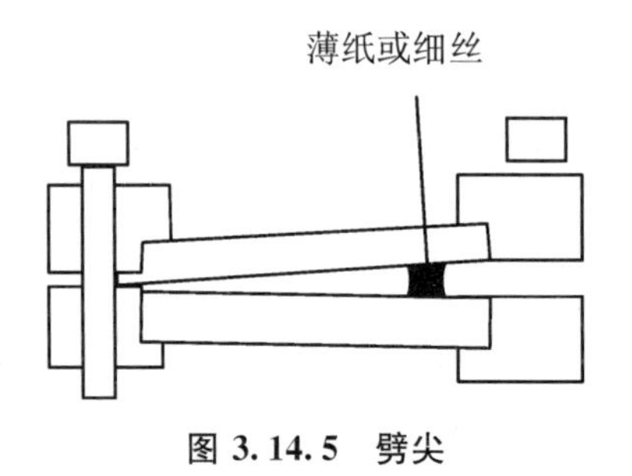

图 3.14.5　劈尖

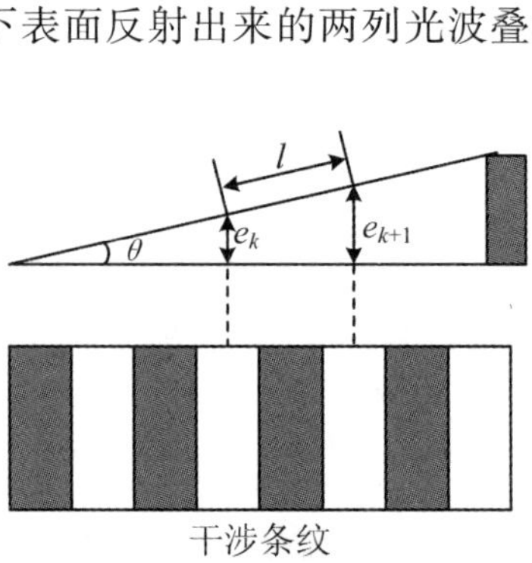

图 3.14.6　劈尖干涉原理

在劈尖厚度为 e 处，当单色光垂直入射时，由上、下表面反射的两相干光的光程差为

$$\Delta = 2e + \frac{\lambda}{2}$$

由干涉条件知

$$\Delta = 2e + \frac{\lambda}{2} = \begin{cases} k\lambda & (k = 1,2,3,\cdots \text{明条纹}) \\ \dfrac{(2k+1)\lambda}{2} & (k = 0,1,2,\cdots \text{暗条纹}) \end{cases}$$

劈尖上厚度相同的地方，两相干光的光程差相同，对应一定 k 值的明(或暗)条纹。

棱边处，$e=0$，$\Delta=\frac{\lambda}{2}$，出现暗条纹。

劈尖干涉的直条纹中，任何两条相邻明纹或暗纹之间的距离 l 为

$$l = \frac{e_{k+1} - e_k}{\sin\theta} = \frac{\lambda}{2\sin\theta}$$

可见：不同于牛顿环，因劈尖内空气薄膜的厚度均匀变化，形成的干涉条纹是等间距的明暗相间的直纹，且与级次 k 无关。

说明：对一定波长的单色光入射，劈尖的干涉条纹间隔 l 仅与楔角 θ 有关。θ 愈小，则 l 愈大，干涉条纹愈稀疏；θ 愈大，则 l 愈小，干涉条纹愈密集。因此，只能在 θ 很小的劈尖上方可观察到清晰的干涉条纹。

劈尖干涉的观察及测量方法与牛顿环完全相同，只需在测量装置上将牛顿环换成劈尖即可。

实验十五　分光计调节及使用

分光计实际上是一种精密的测角仪，光学实验中常用于观察光谱、测量光谱线波长和偏向角以及测量棱镜角等。分光计是精密光学仪器，结构较为复杂，对操作调节要求较高。学习和掌握分光计的调节与使用方法不仅是实际应用的需要，同时也可为今后使用更为精密的光学仪器打下基础。

【实验目的】

① 掌握分光计的调节与使用方法。

② 掌握用分光计测定棱镜的顶角。

③ 掌握最小偏向角的概念及测量方法。

④ 学习利用最小偏向角测棱镜折射率的方法。

【仪器和用具】

分光计,棱镜,平面反射镜,光源(钠灯或汞灯等)。

【实验原理】

1. 分光计的结构

分光计的型号和规格很多,但结构基本相同。实验室常用的分光计如图3.15.1所示,它主要由望远镜、平行光管、载物平台和读数系统4部分组成。

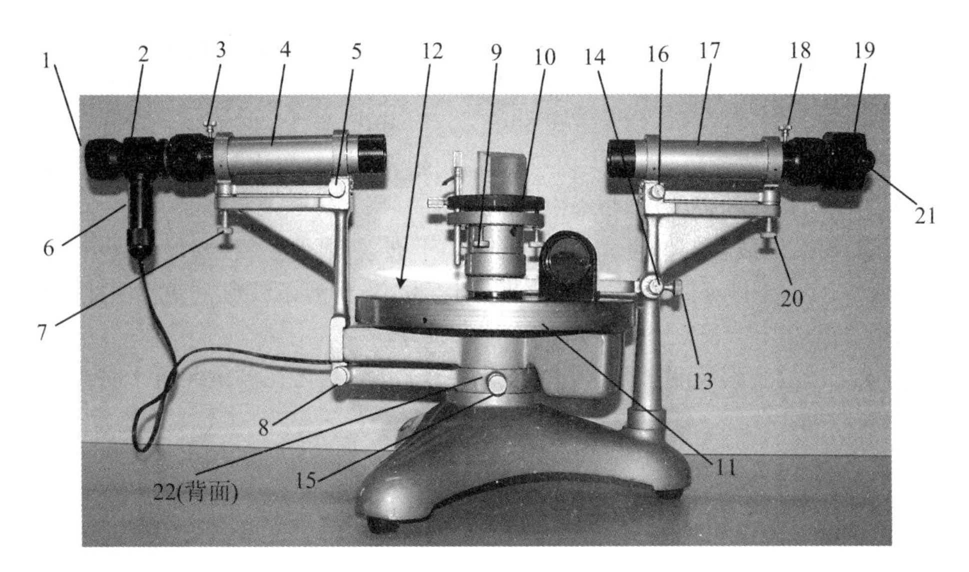

望远镜:1:目镜调焦螺旋;2:分划板套筒;3:目镜镜筒紧固螺钉;4:望远镜;5:望远镜光轴水平调节螺钉;6:照明系统;7:望远镜光轴垂直调节螺钉;8:望远镜转角微调

载物台: 9:载物台调平螺钉(3只);10:载物台

圆刻度盘:11:刻度盘;12:游标盘;13:游标盘止动螺钉;14:游标盘微调螺钉;15:望远镜止动螺钉;22:望远镜与刻度盘锁紧螺钉

平行光管:16:平行光管光轴水平螺钉;17:平行光管;18:狭缝筒紧固螺钉;19:狭缝宽度调节; 20:平行光管光轴垂直螺钉;21:狭缝

图 3.15.1 分光计结构

(1) 望远镜

望远镜用来观察和确定光线进行的方向,它由目镜、物镜、分划板和照明小灯等组成。分划板位于目镜和物镜之间，物镜为消色差复合透镜，目镜则有阿贝目镜和高斯目镜两种。图 3.15.2 所示为采用阿贝目镜的望远镜结构。目镜套筒的侧面开有圆孔，外装照明小灯，小灯上方装有小棱镜，棱镜反射面与望远镜光轴成45°，棱镜前方紧贴一开有“十”形透光窗的反光片。小灯发出的光经棱镜反射沿光轴前进而照亮叉丝视场，而“十”形窗因透光在棱镜上形成暗“十”。调节目镜调焦螺旋 1 可使分划板的叉丝清晰位于目镜焦平面上，前后移动目镜套筒可调节望远镜系统焦距。

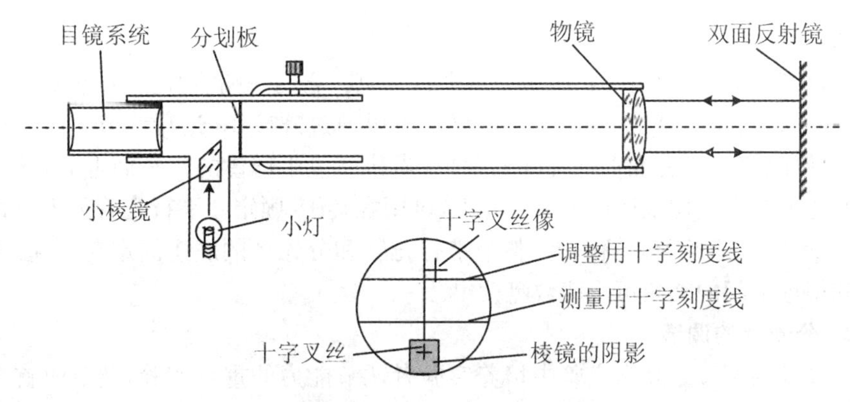

图 3.15.2　阿贝目镜式望远镜

(2) 载物平台和读数系统

载物平台用于放置棱镜、光栅等光学元件，它能绕通过平台中心的铅直轴(仪器中心轴)转动，平台下有 3 个螺旋可以用来调节平台对铅直轴的倾斜度。读数系统由可绕仪器中心轴转动的刻度盘(外盘)和游标盘(内盘)组成，望远镜与刻度盘锁紧螺旋 22 可使两者一起转动，内盘(游标盘)可通过螺旋 13 转动。外盘上有0°～ 360°的圆刻度，最小分度为0.5°；内盘上相隔 180°处有两个对称的小游标 θ_1 和 θ_2，上面的 30 分格和外盘上的 29 分格刻度相当，因此最小读数为 1′。读数方法与一般游标尺读法相同，如图 3.15.3 所示读数应为：

$$314°30' + 13' = 314°43'$$

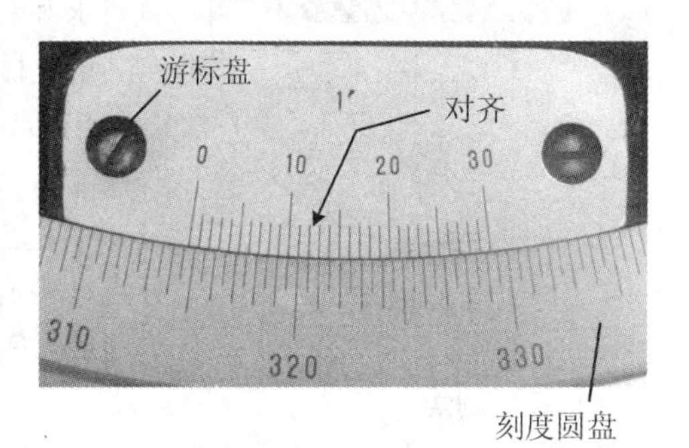

图 3.15.3　读数示意图

角度测量时保持望远镜与刻度盘联动，且应注意固定内盘(或外盘)，防止其因另一盘转动而滑动，导致错误结果。另外，还应注意游标转过 360°刻线时的读数应加 360°。

为了消除刻度盘中心与分光计中心转轴间的偏心差,记录读数时,必须读取两个游标所示的刻度。如望远镜初始位置两游标 θ_1、θ_2 读数分别为 $335°5'$ 和 $155°2'$;望远镜转过 θ 角后读数分别为 $95°7'$ 和 $275°6'$,则

$$\Delta\theta_1 = (360° - 335°5') + 95°7' = 120°2'$$

$$\Delta\theta_2 = 275°6' - 155°2' = 120°4'$$

因此望远镜实际转过角度为

$$\theta = \frac{\Delta\theta_1 + \Delta\theta_2}{2} = 120°3'$$

(3) 平行光管

平行光管又称准直管,它用来获得平行光束。它的一端装有会聚透镜,另一端是一个套筒,套筒末端是一可变狭缝,缝宽可以通过螺旋 19 进行调节。前后移动套筒,可以改变狭缝和准直物镜间的距离,当狭缝位于透镜的焦平面上时,从狭缝入射的光束经准直物镜后成为平行光束,可用螺旋 18 固定。平行光管下方有螺旋 20 可以调节平行光管的倾斜度,整个平行光管和分光计的底座固定在一起,平行光管和望远镜间的夹角可由读数盘读出。

2. 分光计的调节

分光计的调节是光学实验中培养实验者调节能力的重点实验,调节时首先要求对仪器整体仔细观察,了解其各部分结构,各个螺旋的位置和作用,再逐部分调节,调节过程需要耐心细致。

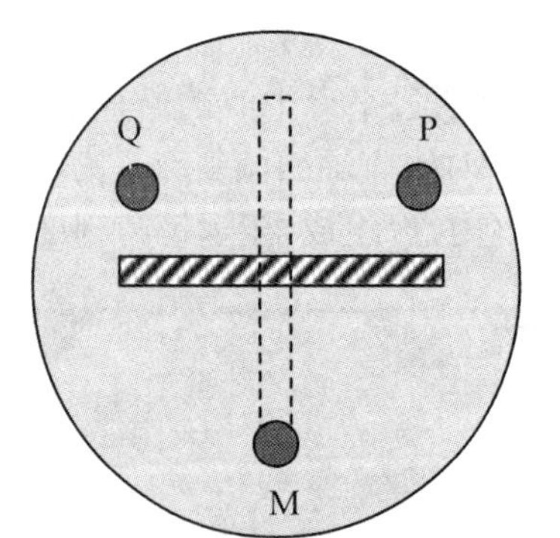

图 3.15.4

分光计调节最终需达到的要求是:望远镜聚焦于无穷远,即适合接收平行光;望远镜光轴垂直分光计中心转轴;平行光管发出平行光。其调节要求和步骤分述如下:

(1) 目测粗调

根据目测估计,调节望远镜筒光轴垂直螺钉 7,载物台下的调平螺丝 9 及平行光管光轴垂直螺钉 20,使望远镜筒、载物台平面及平行光管均与分光计中心轴垂直。

(2) 望远镜调节

1) 目镜调焦

打开望远镜的照明灯照亮目镜中定位"十"字叉丝(即图 3.15.5 中阴影部分被照亮),调节目镜的焦距,使目镜中能看到清晰的分划板线及"十"字叉丝(图 3.15.5 中阴影中的"十"字叉丝)。

注意:分光计粗调必须要认真完成,它会使以后的调节十分容易。

2) 望远镜对无穷远调焦

将平面反射镜放在载物平台上，可先将反射镜放置如图 3.15.4 所示位置（即反射镜平面与平台下面螺丝的两点连线平行），松开内圆盘的固定螺旋 13，缓缓转动内盘寻找平面镜和望远镜筒垂直方向，使望远镜视野中出现反射回来的小"十"字叉丝像，如图 3.15.5(a)所示，松开固定目镜筒的螺丝 3，前后拉动镜筒，使视场中反射回来的叉丝像清晰，即使望远镜聚焦于无穷远，固定螺丝 3（以后的操作中不必再进行调节）。

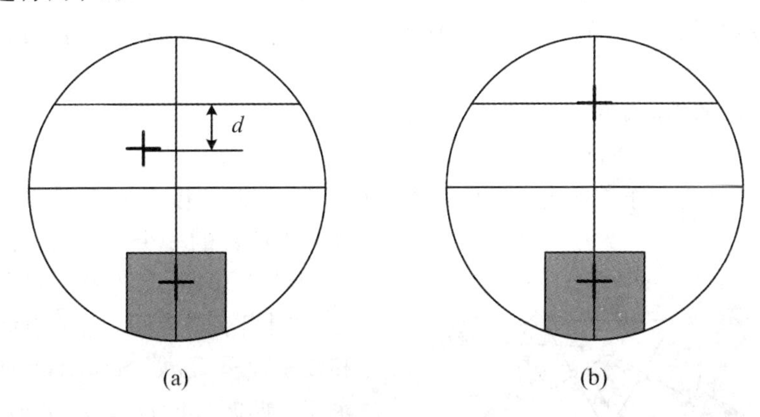

图 3.15.5

3）用逐次逼近法调望远镜光轴垂直中心转轴

将内盘转过 180°，看是否仍能观察到反射回来的小"十"字叉丝像，如有，表示粗调已调好，如没有应继续重复步骤 1)，直到从望远镜中可观察到平面镜任一面反射回来的叉丝像。调节望远镜光轴垂直螺钉 7，使小"十"字叉丝与分划板上方横线间距离 d 减小一半，调节载物台螺丝 M（图 3.15.4），使小"十"字叉丝像与分划板上方的"十"字线重合，如图 3.15.5(b)所示。

再将内盘旋转 180°观察平面镜另一面反射回来的"十"字叉丝像，如果叉丝像不与分划板最上方的"十"字线重合，重复上述调节步骤。经多次调节（**注意：**载物台始终调节相同螺丝 M），直至两面的反射像均能与分划板上方的"十"字线重合，如图 3.15.5(b)所示。此时望远镜光轴已与仪器主轴垂直，不需再作调节，但载物平台平面仍可能未严格与中心转轴垂直。此调节方法称逐次逼近法或各半调节法。

将平面镜转动 90°放置（图 3.15.4 虚线位置，则载物台调节只需调螺丝 P 或 Q），重新采用上述各半调节法，再次使平面镜两面的小"十"字叉丝反射像均能与分划板上方的"十"字线重合，则已使载物台平面与仪器主轴垂直。

上述调节也可利用三棱镜完成，调节方法与上述步骤基本一致，同学可自行选择。

(3) 调节平行光管使其发出平行光

① 点亮光源照亮狭缝。

② 松开狭缝紧固螺丝 18,前后移动狭缝,使狭缝置于焦平面位置,即从望远镜筒看到最清晰的狭缝像,且无视差,则平行光管发出平行光。

③ 调节狭缝宽度螺丝 19,使狭缝细而亮,且使缝与望远镜分划板竖线平行。

④ 调节平行光管的光轴垂直螺丝 20,使狭缝在分划板处的像居中,即上下对称(可将狭缝转过 90°,调节螺丝 20,使狭缝像与分划板水平直径重合,再转回原位置即可)。

3. 棱镜顶角的测量

(1) 自准法(高斯目镜法)

将待测棱镜置于载物台上并固定游标盘,用小灯照亮目镜叉丝,旋转望远镜使其对准棱镜的一个面。用自准法调节使"十"字叉丝反射像和目镜分划板上方的"十"字线重合,此时望远镜光轴和棱镜面垂直,如图 3.15.6 所示。记录左右两游标的读数 φ_1 和 φ_2;再转动望远镜对准棱镜的另一个面,同法调节使望远镜光轴和该棱镜面垂直,记下两游标的读数 φ_1' 和 φ_2';则两次读数之差为棱镜角的补角 θ:

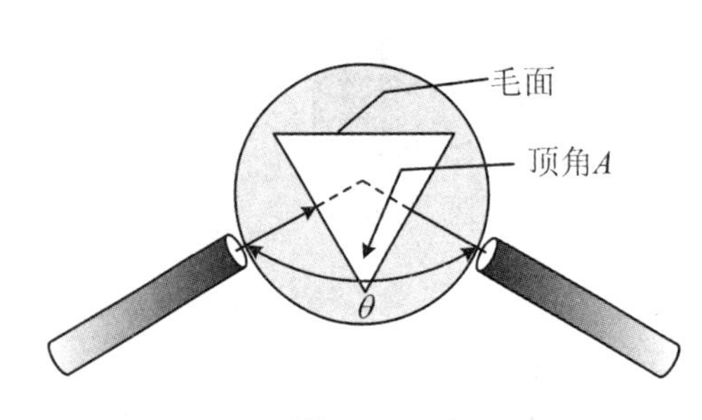

图 3.15.6

$$\theta = \frac{\Delta\theta_1 + \Delta\theta_2}{2} = \frac{|\varphi_1' - \varphi_1| + |\varphi_2' - \varphi_2|}{2} \tag{3.15.1}$$

故棱镜顶角

$$A = 180° - \theta \tag{3.15.2}$$

显然,上述测量也可固定望远镜而转动载物台,其结果是等效的。

(2) 反射法

将载物台上的待测棱镜的顶角对准平行光管,如图 3.15.7 所示,此时平行光管射出的平行光束被棱镜的两个光学面反射,分别转动望远镜至 T_1 和 T_2 位置,可观察到狭缝的反射像。先使 T_1 处像与望远镜竖直叉丝重合,再转动望远镜使 T_2 处像与其

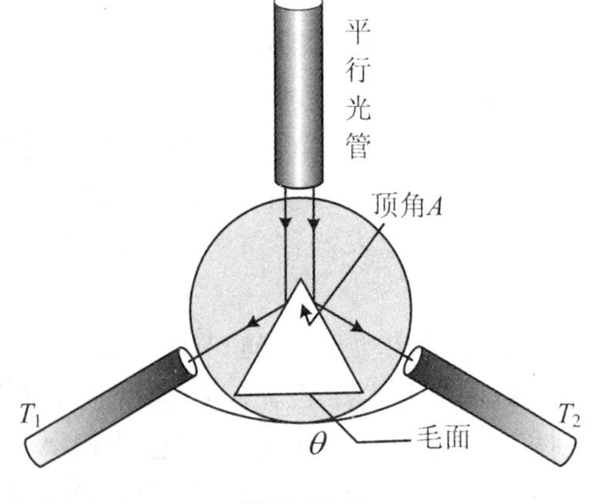

图 3.15.7

竖直叉丝重合，则由式(3.15.1)求得望远镜在这两位置所对应游标读数之差θ为棱镜顶角A的两倍，即有

$$A=\frac{\theta}{2} \tag{3.15.3}$$

4. 棱镜玻璃折射率的测定

棱镜玻璃折射率可采用测定最小偏向角的方法求得。如图3.15.8所示，光线PO经待测棱镜两次折射后，沿$O'P'$方向出射的光线和原入射方向间有偏向角δ。在入射光线和出射光线处于光路对称的情况下，即$i_1=i_2'$时偏向角为最小，记为$\delta_{\min}$。可以证明，棱镜的折射率n、棱镜顶角A、最小偏向角$\delta_{\min}$间有关系式：

$$n=\frac{\sin\dfrac{A+\delta_{\min}}{2}}{\sin\dfrac{A}{2}} \tag{3.15.4}$$

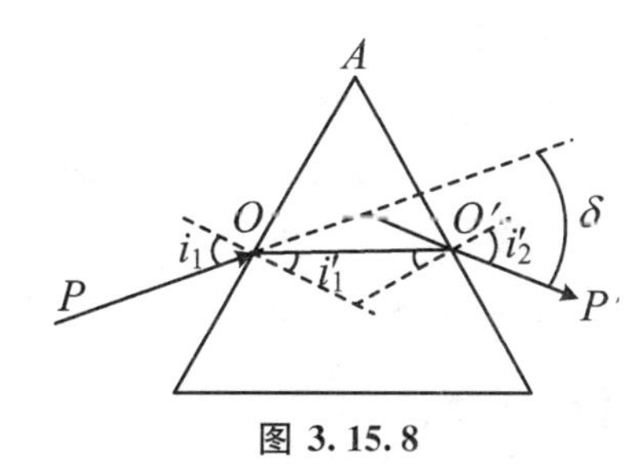

图 3.15.8

因此，只要测出棱镜顶角A和最小偏向角$\delta_{\min}$就可以求出棱镜折射率n。由于棱镜的折射率与波长有关，测量时应注意测量结果与波长的对应关系。

【实验内容】

1. 分光计的调节

观察分光计，对照图3.15.1熟悉仪器各部分结构，掌握各调节螺丝的作用。按前述调节方法操作，使分光计符合使用要求。

2. 测量棱镜的顶角

1) 用自准法测棱镜的顶角

重复测量多次，计算三棱镜顶角A的平均值。

2) 用反射法测棱镜的顶角

重复测量多次，计算棱镜角A的平均值，并与自准法测量结果进行比较。

注意：三棱镜顶角应对准平行光管且略后置一点，使得平行光经棱镜两光学面反射后能进入望远镜视野。

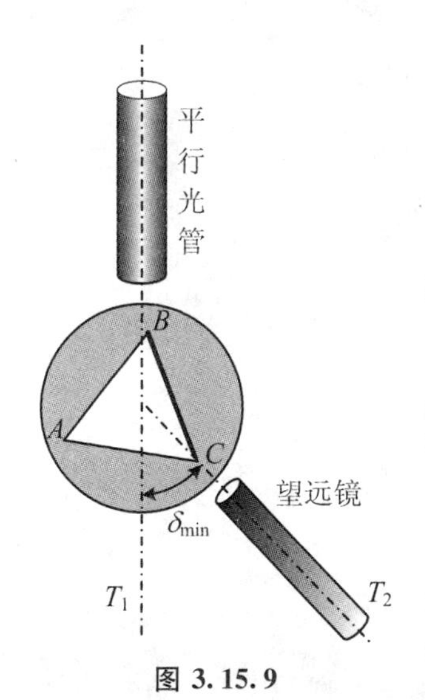

图 3.15.9

3. 测量最小偏向角

① 将待测棱镜按图3.15.9所示放在载物平台上(注意：BC边为毛面)，转动望远镜至T_2位置，观察经棱镜色散后的光谱。

② 缓缓转动游标盘(带动载物平台一道转动),同时用望远镜跟踪所要测量的谱线,寻找到该谱线恰好要反向移动的位置,此即对应最小偏向角出射光线方向,固定游标盘。

③ 转动望远镜使该谱线与分划板的竖线对齐,记下左右两游标的读数值。

④ 将望远镜转至 T_2 方向,使入射光线与望远镜分划板的竖线对齐,再记下左右两游标的读数值,这样得到的 T_1 与 T_2 间夹角,即为最小偏向角 $\delta_{\min}$。

改变棱镜的位置,重复上述步骤测量多次。

⑤ 利用式(3.15.4)计算棱镜玻璃的折射率。

测量最小偏向角时应注意:

① 了解最小偏向角的特点,明确其产生条件为入射光线和出射光线关于棱镜顶角平分线对称。因此,实验开始时就可将棱镜放置在接近要求的位置上。

② 测定 T_1 和 T_2 位置差时不能使内盘产生转动。

【思考题】

① 分光计各部分的调节是如何完成的?调节次序如何安排更合理?

② 分光计调好后,在测量过程中,哪些螺钉可调,哪些螺钉不可调,为什么?

③ 为什么说分光计用两个游标读数能够消除主轴的偏心差?

④ 用反射法测棱镜顶角对棱镜放置位置有何要求,为什么?

⑤ 估计实验所采用的分光计测量的精度和有效数字的位数。

第四章　设计性实验

第一节　物理设计性实验概述

一、设计性实验的特点

物理科学实验的全过程，一般可分为如下环节：①确定实验课题或实验任务；②查阅和分析相关文献资料；③实验方案设计；④实验实施；⑤实验结果分析与总结。由于物理科学实验的目的是发现新现象，探索新规律，其过程充满创新性和探索性。因此，就科学实验而言，根据实验课题和任务进行全面的实验设计是必不可少的重要环节。而且，科学实验创新性和探索性的特点决定了上述过程并非是单向流水式，而是实践—反馈—修正—再实践……的多次反复过程，在多次反复过程中不断完善实验流程以最终圆满完成实验任务。

常规的物理教学实验属于对前人知识与技能的继承与学习，其实验原理、实验方法均比较成熟，而实验内容与实验器材也均由教师事先安排好。因此，其实际过程主要为上述过程的最后两个环节，且一般也不含反馈与修正环节。

物理实验教学的根本目的是培养与提高学生科学实验能力和素养。因此，在对学生进行一定数量的基础物理实验训练后，让学生参与设计性实验训练是十分必要的。

设计性实验是一种介于基本教学实验与实际科学实验之间的、具有对科学实验全过程进行训练性质的教学实验。设计性实验项目内容与要求一般由实验指导教师给出或由学生在一定范围内自由选择。学生通常需要根据实验任务和要求，自己查阅资料、设计实验方案、确定实验方法、选择配套仪器、拟定实验程序，再通过实践操作获取实验数据并作相应处理与分析，条件允许时还可根据综合分析结果对实验方案或某些环节作出修正，重复实验研究，最后提交一份比较完整的实验报告。

设计性实验的核心是设计与选择实验方案,然后通过实验实践检验方案的正确性与合理性,并视需要对方案作出修正和完善。实验方案设计一般包括以下内容:根据实验内容与测量精度要求确定依据的原理或模型;选择实验方法与测量方法;选择测量仪器和考虑测量条件;实验数据的处理及实验结果误差分析等。

实验方案的合理设计与选择服从于实验任务与测量精度要求,而这离不开误差分析。实验设计前应对拟采用的实验方案中各个误差因素作大致分析并进行误差的预分配,根据误差分配选择合适的仪器设备和测量方法;实验测量结束后,需通过数据处理与误差分析决定是否需要对实验方案作出修正与改进。因此,误差分析及误差的合理分配与处理对实验设计具有十分重要的意义。

二、设计性实验实施过程与要求

设计性实验实施大体分为4个阶段:

1. 确定题目,完成实验方案初步设计

实验题目的确定可在一定范围内选择或由教师指定。学生根据实验要求与提示内容利用课外时间查阅有关参考资料,完成实验方案初步设计。实验方案包括实验原理(物理模型、计算公式、电路图或光路图等)、实验仪器、测量条件、实验步骤及数据记录处理方法等内容。

2. 修改完成实验方案

教师对每个学生的实验方案逐一进行检查,学生根据提示和建议修改完成实验方案。条件许可时,可先进行粗测,根据测量数据及实验中发现的问题修改完善实验方案。

3. 进行实验

实验方案通过者,可根据实验室安排领取仪器进行实验,测得所需的数据。

4. 数据处理和实验结果分析

对所测数据进行处理和分析,给出测量结果和不确定度估计。如没有达到实验测量准确度要求,则重新审视、分析实验方案,寻找可能原因,并对原方案作出改进,重做实验,力求得到合理的实验结果。

5. 撰写设计性实验报告

顺利完成实验测量任务后,必须提交一份完整的报告。设计性实验报告要求包含以下几部分内容:

① 实验题目、任务和要求。

② 实验原理和方法:包括实验原理、基本方法、计算公式和原理图、实验装置、测试条件等。

③ 实验步骤:给出实验实施步骤安排并说明有关注意事项。

④ 数据处理与分析:包括原始数据记录、公式及计算结果、不确定度估计等。

⑤ 实验总结:对实验过程和结果进行分析讨论,作出评价(包括对实验结果和实验方案的评价以及自己实验中的体会、收获和对实验的建议等)。

⑥ 参考资料:列出设计实验方案时所参考的资料。

第二节　系统误差分析与处理

物理实验为完成某个确定的观测任务(如某物理量的测量),通常规定或希望达到一定的实验精度。因此,实验设计时根据实验任务和测量精度要求,为对实验方法及仪器等作出合理选择,对实验误差的全面分析和适当处理是非常必要的。根据误差的产生原因和性质,误差可分为随机误差和系统误差两类,我们已学习过随机误差分析与处理方法,本节对系统误差的分析与处理方法作专门介绍。

一、系统误差的分类

系统误差有不同的分类方法,通常按对其掌握程度可分为已定系统误差和未定系统误差,而按其数值特征则可分为定值系统误差与变值系统误差。

1. 已定系统误差与未定系统误差

已定系统误差是指对其大小和符号能够确定的系统误差。例如,螺旋测微计和电表的零点误差为已定系统误差。未定系统误差是指对其大小和符号不能够判定的系统误差。如仪器的允许误差即属于未定系统误差。以砝码为例,一个名义质量为 100 g 的四级砝码,它的质量允许误差为 5 mg,即生产中凡质量在 99.995～100.005 g 之间的砝码都被当作 100 g 的合格产品,如不作出进一步校准,它的实际误差值是未知的。

已定系统误差可以并必须采取措施予以消除或修正,未定系统误差一般难以消除或修正,实验中常对其取值范围作出估计。在有条件时,利用更高级的仪器或技术,也可将某些未定系统误差转为已定系统误差。例如,已知准确度级别的电表,如未经高一级电表校准,则只能根据该电表的级别和所用量程估计误差项,该误差的实际大小和符号是不确定的,即属于未定系统误差;但如所用仪器已利用更高精度且其自身系统误差可忽略的仪器校准,则所用仪器的系统误差转为已定系统误差。

2. 定值系统误差与变值系统误差

定值系统误差是测量过程中数值与符号保持不变的系统误差。如前述的某一名义质量为 100 g 的四级砝码,实际质量为 99.998 g,则使用它时始终会存在 −0.002 g的定值系统误差;同理,螺旋测微计和电表的零点误差也属于定值系统误差。

变值系统误差的特点是测量过程中按一定规律(已知或未知)变化。变值系统误差按其变化规律又可分为以下几种:

(1) 线性变值系统误差

线性变值系统误差是在测量过程中误差值可能随某些因素(如测量时间或测量值)呈线性变化特征的系统误差。例如,用总长为 L 的刻度尺去测量某一长度 s,设刻度尺总长偏差 ΔL,则在测量 s 时引起的误差为

$$\Delta s = \frac{\Delta L}{L}s$$

即测量误差 Δs 与测量值 s 间成线性关系。

(2) 非线性变值系统误差

非线性变值系统误差是测量过程中误差值随某些因素呈非线性变化特征的系统误差。如标准电阻随温度 t 变化关系为

$$R_t = R_{20} + a(t-20) + b\,(t-20)^2$$

式中,a、b 为温度系数,测量时如不作温度修正,则将引入非线性变值系统误差。

(3) 周期性变值系统误差

周期性变值系统误差的量值与符号按一定规律呈周期性变化。

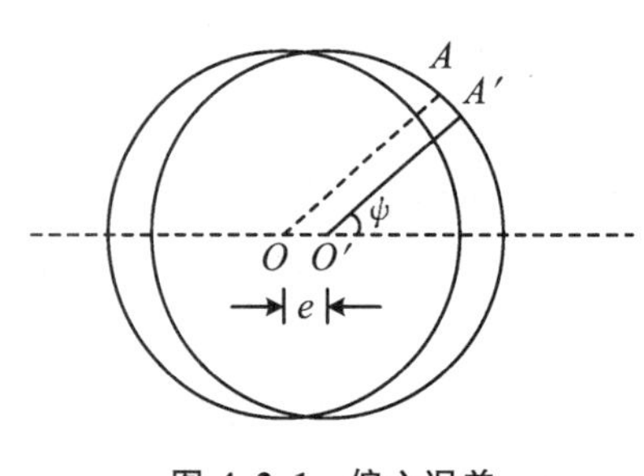

图 4.2.1 偏心误差

如图 4.2.1 所示,当表盘式指示仪表的指针转轴 O' 与刻度盘中心轴 O 有一偏心差 e 时,则指针在任何位置上的读数偏差为

$$\varepsilon = AA' = e\sin\psi$$

此误差按周期性规律变化,在 0°和 180°时误差为零,在 90°和 270°时误差值最大。如分光计刻度盘中心与分光计中心转轴不严格重合导致的偏心误差即为这一类周期性变化系统误差。

二、系统误差的分析发现

系统误差的产生源于多种因素,是否能分析发现系统误差并作适当处理,这主

要取决于实验者的经验、学识和技巧。人们通过长期的实践与理论研究，总结出一些分析发现系统误差的常用方法。

1. 理论分析法

理论分析法是发现系统误差的最基本方法。实验对实验所依据的理论公式的近似性或理论公式所要求的约束条件实际满足程度、以及仪器设备等所要求的使用条件等从理论上作出分析，从中确定相关的系统误差。例如，伏安法测电阻的两种接法（内接和外接）可根据电路理论作出分析确定其系统误差；利用单摆周期公式 $T=2\pi\sqrt{L/g}$测重力加速度，理论上源自摆动小角度近似、摆球视为质点以及忽略摆线质量和空气阻力等影响，而这些因素导致的系统误差均可由理论分析判定。

2. 对比法

对比法用于分析定值系统误差，其采用的方式可有以下几种：

（1）实验方法对比

用不同的实验方法测同一个量，通过比较测量结果在随机误差范围内是否一致以发现系统误差。如分别用自由落体法、单摆法和气垫导轨法测同一地区的重力加速度，如在随机误差范围内三者所得结果不一致，那么其中至少有两种方法存在系统误差。

（2）测量仪器对比

在相同实验条件下用不同的仪器测量同一物理量，通过比较测量结果发现系统误差。例如，用两电流表测同一电路中电流，如其中一表为标准表，则可以确定另一表的系统误差修正值。

（3）测量方式或测量条件对比

比较测量方式或测量条件改变前后对同一量的测量结果以发现系统误差。例如，在霍耳效应实验中，改变霍耳元件中电流方向，可发现电极不在同一等势面引起的电势差；又如用惠斯通电桥测电阻时，交换比例臂电阻或交换被测电阻 R_X和比较臂电阻 R_S，可判断是否存在系统误差。

此外，有意改变实验中某些参数，常有利于发现其对系统误差的影响。如增大单摆摆角，观察摆角大小对周期的影响。

3. 数据分析法

实验测量数据中往往同时存在系统误差和随机误差的影响，这给发现和分析系统误差带来很大困难。由于随机误差服从统计规律，对多次测量得到的大量数据作偏差观察，有时可发现测量过程中的变值系统误差。

偏差是对被测量作等精密度重复测量时，其各次测量值与它们的算术平均值之差。按照测量列记录的先后次序把偏差列表或图示，观察偏差是否存在随测量次数的规律变化，比如呈单向（递增或递减）的或周期性变化的，说明存在以一定规律变化的变值系统误差。应该指出,偏差观察法只适用于系统误差明显大于随机误差的情况。

三、系统误差的减小与消除

知道了系统误差的来源并分析发现其基本特征后,则可有针对性地采取处理措施。原则上,消除系统误差的根本途径是设法使之不产生,但很多情况下难以办到,因此,通常经下述途径设法抵消或减小系统误差的影响。

1. 消除或削弱产生系统误差的因素

针对产生系统误差的某些确定因素,实验条件许可时,有针对性地采取措施消除或削弱这些产生系统误差的因素是最根本的方法。如实验者基于对实验理论模型及测量仪器、方法、条件与过程等的全面分析,或采用更符合实际的理论公式,或使用符合实验要求的实验仪器,或选择更合适的测量方法、条件与过程等,以消除或减少系统误差。

2. 采用适当的测量方法

对某些特定的定值系统误差,常采用以下方法来消除或减小:

(1) 交换抵消法

将测量中的某些条件交换,使产生定值系统误差的因素对交换前后的测量结果起相反作用,从而抵消这种系统误差。如用复称法消除天平不等臂的系统误差、交换惠斯通电桥的桥臂电阻以修正标准电阻精度误差等。

(2) 替代消除法

在给定的测量装置和条件下,观测被测量后,用可调的标准量具替代被测量,并通过调节该标准量具的值,使测量系统仍处于原测量状态,则标准量具的取值即等于被测量值。例如,用惠斯通电桥测电阻时,调节至电桥平衡时,以可调标准电阻替换待测电阻,调节该标准电阻的值,使电桥再次平衡,则被测电阻值就等于该标准电阻的示值(注:实际电桥非平衡也可采用替代法,只要使替代后重现原观测状态即可,此法可推广至其他测量环境)。替代法测量时被测量的误差主要由标准量具本身的误差及测量系统的灵敏度决定。

(3) 异号法

改变测量中某些条件,使两次测量中系统误差符号相反,再取两次测量的平均以抵消系统误差的影响。例如霍耳电势法测磁场时,通过改变磁场和工作电流的方向,可减小温差电势、不等位电势等附加效应产生的系统误差。又如,用伸长法测量金属丝的杨氏模量实验中,为消除钢丝弹性滞后效应及夹钢丝的卡头与放置光杠杆镜架的固定平台间可能摩擦引起的系统误差,测量时采取先逐个增加砝码测量，再逐个减少砝码测量，同一外力下的伸长取两种情况测量的平均。

对按一定规律变化的变值系统误差，根据其变化特点可考虑采取适当措施以减少误差。如对随测量时间线性变化的系统误差，可将待测量对某时刻对称地各做一次观察与测量，取平均以达到消除线性系统误差的目的；而为消除周期性系统误差，常采用半周期偶测法，即相隔半个周期进行一次测量，两次测量取平均值，就可有效地消除周期性系统误差，如分光计刻度盘上间隔 180°安排两个游标正是这一措施的体现。

3. 对测量结果作系统误差修正

限于实验条件，常常无法消除产生系统误差的因素，但如系统误差量值可以确定，则可对测量结果进行系统误差修正。修正值的确定：一是根据测量仪器测量示值情况（如零点误差）确定；二是通过更高级的标准仪器进行校正（修正曲线或表）得到修正值；三是根据理论分析，建立修正公式，从而确定修正值。例如用单摆测重力加速度时，理论上可导得计及摆角影响时有

$$g = \frac{4\pi^2}{T^2}\left(1 + \frac{1}{2}\sin^2\frac{\theta}{2} + \cdots\right)$$

根据上式可判断只取右边第 1 项的影响情况。

对难以消除的未定系统误差，则应尽可能估计出误差限，以掌握它对测量结果的影响。

例：自组惠斯通电桥测电阻的系统误差分析与处理。

由惠斯通电桥平衡条件知被测电阻

$$R_X = \frac{R_1}{R_2}R_S \tag{4.2.1}$$

R_X的测量误差来源于三个电阻箱（R_1、R_2和 R_S）的示值误差和电桥灵敏度局限引入的误差。这些误差因素互相独立，根据不确定度传递公式可导得 R_X的不确定度

$$\frac{u_X}{R_X} = \sqrt{\left(\frac{u_1}{R_1}\right)^2 + \left(\frac{u_2}{R_2}\right)^2 + \left(\frac{u_S}{R_S}\right)^2 + \left(\frac{\Delta n}{S}\right)^2} \tag{4.2.2}$$

式中，u_1、u_2和 u_S分别为 R_1、R_2和 R_S示值的不确定度；S 为电桥灵敏度，其定义式为（参见第三章实验九）

$$S = \frac{n}{\Delta R_S / R_S} \tag{4.2.3}$$

Δn 为检流计可分辨的偏转量（常取 0.2 格）。

如交换比例臂电阻 R_1和 R_2，以消除比例臂电阻本身的误差对 R_X测量引入的系统误差，则由式（4.2.1）可得被测电阻

$$R_X = \sqrt{R_S R_S'} \tag{4.2.4}$$

而 R_X的不确定度则可表为

$$\frac{u_X}{R_X}=\sqrt{\left(\frac{u_S}{2R_S}\right)^2+\left(\frac{u'_S}{2R'_S}\right)^2+\left(\frac{0.2}{S}\right)^2+\left(\frac{0.2}{S'}\right)^2} \tag{4.2.5}$$

第三节 实验方案的设计

实验方案的设计是设计性实验的关键环节。实验方案的设计一般应包括:依据的原理和实验方法的选择、测量方法的选择、测量仪器和测量条件的选择、数据处理方法的选择、误差处理和分析等。实验设计前需根据实验任务与精度要求以及实验条件如仪器设备等情况对各种可能实验方案作出分析与比较,从中选择最佳的实验方法。对拟采用的方案,应进一步分析各误差因素的影响,并进行误差的预分配,以便合理地选择仪器设备、测量方法和测量条件等。

物理实验任务常涉及物理量的间接测量,设间接测量量 Y 是诸直接测量量 $x_1,x_2,x_3,\cdots$ 的函数,即可表示为:

$$Y=f(x_1,x_2,x_3,\cdots) \tag{4.3.1}$$

根据第一章介绍的误差理论,当诸直接测量量 $x_1,x_2,x_3,\cdots$ 相互独立时,间接测量量 Y 的标准不确定度为:

$$u(Y)=\sqrt{\left(\frac{\partial f}{\partial x_1}u(x_1)\right)^2+\left(\frac{\partial f}{\partial x_2}u(x_2)\right)^2+\left(\frac{\partial f}{\partial x_3}u(x_3)\right)^2+\cdots} \tag{4.3.2}$$

各直接测量量不确定度 $u(x_1),u(x_2),\cdots$ 前面的系数 $\frac{\partial f}{\partial x_1},\frac{\partial f}{\partial x_2},\cdots$ 等称为不确定度传递系数。式(4.3.2)也可表为下述相对不确定度形式:

$$u_r=\frac{u(Y)}{Y}=\sqrt{\left(\frac{\partial \ln f}{\partial x_1}u(x_1)\right)^2+\left(\frac{\partial \ln f}{\partial x_2}u(x_2)\right)^2+\left(\frac{\partial \ln f}{\partial x_3}u(x_3)\right)^2+\cdots} \tag{4.3.3}$$

不确定度传递公式(4.3.2)或(4.3.3)是选择和设计实验方案时误差分析的基础。

一、实验模型与方法的选择

对给定的实验任务,与之相关的物理过程可能有多种,因此,可采用的实验模型与方法往往也有多种。如测量重力加速度,可采用单摆法、复摆法、自由落体法、气垫导轨法等。实验设计时,首先应广泛查阅文献收集各种可能方法,再根据实验目的和测量精度要求,综合比较各种方法所能达到的测量精度、适用条件、实现的难易程度以及现有仪器情况等，从中选择最佳的实验方法。由于给定实验方法常源于某种物理模型的理想化分析，它对实际测量的影响大小也应是确定实验方法的重要依据。如欲选择单摆法测量重力加速度，则应知道通常的单摆周期公式$T=2\pi\sqrt{l/g}$是基于理想模型，即忽略了摆球的质量和空气阻力、小球视为质点且摆角很小等，在仅考虑摆角θ影响时有

$$g=4\pi^2\frac{l}{T^2}\left(1+\frac{1}{4}\sin^2\frac{\theta}{2}+\cdots\right)^2$$

如$\theta<5^\circ$，摆角影响引起的误差不超过0.1%，因此，可根据测量精度要求进一步确定合适的实验测量公式。

二、测量方法的选择

测量方法是对物理实验中的各个物理量的具体测定方法。测量方法设计着眼于如何根据实验要求，在给定的实验条件下尽可能地减小测量误差，使获得的测量值更精确。

实验方法选定后，实际测量时可采用的测量方法往往有多种，如伏安法测量电阻既有内接法和外接法两种测量方案的选择，还可考虑附加补偿电路的设计以消除电表内阻的影响。又如图4.3.1所示测量单摆的摆长，可用下述3种方法测量：

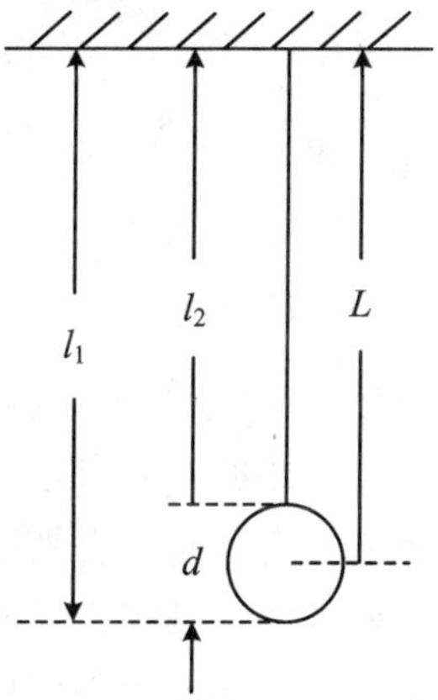

图 4.3.1

第一种方法测l_1和l_2，用

$$L=\frac{l_1+l_2}{2}$$

计算；第二种方法测l_1和d，用

$$L=l_1-\frac{d}{2}$$

计算；第三种方法测l_2和d，用

$$L=l_2+\frac{d}{2}$$

计算。设l_1和l_2用米尺测量，不确定度为u_l，球的直径d用游标卡尺测量，不确定度为u_d。量不确定度由传递公式(4.3.2)可知：

采用第一种方法有

$$u_L=\sqrt{\left(\frac{1}{2}u_{l_1}\right)^2+\left(\frac{1}{2}u\right)^2}=\frac{\sqrt{2}}{2}u_l$$

而采用二、三两种方法均有

$$u_L=\sqrt{u_l^2+\left(\frac{1}{2}u_d\right)^2}>\frac{\sqrt{2}}{2}u_l$$

因此,应选第一种方法测摆长。

三、测量仪器的选择

测量仪器选择的原则是根据误差分配要求选用合适仪器以保证所需测量精度。实验设计时应根据不确定度传递公式对误差作预分配,通常先考虑按等影响原则分配误差。设实验要求间接测量量 Y 的测量相对不确定度不超过 $u(Y)/Y$,则由不确定度传递公式(4.3.3)有

$$\begin{aligned}\frac{u(Y)}{Y}&=\sqrt{\left(\frac{\partial\ln f}{\partial x_1}u(x_1)\right)^2+\left(\frac{\partial\ln f}{\partial x_2}u(x_2)\right)^2+\left(\frac{\partial\ln f}{\partial x_3}u(x_3)\right)^2+\cdots}\\&=\sqrt{D_1^2+D_2^2+D_3^2+\cdots}\end{aligned}\tag{4.3.4}$$

式中,$D_i=|\partial\ln f/(\partial x_i)|u(x_i)$为 Y 的各个分误差,取各个分误差影响相等,即取

$$D_1^2=D_2^2=\cdots=D_n^2=\frac{1}{n}\left[\frac{u(Y)}{Y}\right]^2$$

由此可得

$$u(x_i)=\frac{D_i}{\left|\dfrac{\partial f}{\partial x_i}\right|}=\frac{1}{\sqrt{n}\ |\partial\ln f/\partial x_i|}\cdot\frac{u(Y)}{Y}\tag{4.3.5}$$

式(4.3.5)是实际误差分配常用公式。

由于实验仪器设备的选择以及测量条件常受到一定限制,按等影响原则分配误差有时会出现不合理情况。比如对所涉及的某些直接测量量,要求测量不超出分配给它的误差很容易实现;而对于另外某些直接测量量,则难以满足分配给它的误差,否则,势必要选用昂贵的高精度仪器设备,甚至有的可能在目前技术水平下根本无法满足这一要求。实际上,从便于调节和经济角度,在满足精度要求的前提下,选用级别低的仪器较好。因为高精度的仪器不但价格昂贵而且调整和操作比较麻烦,对实验条件的要求往往较高。

因此,当按等影响原则分配误差有困难时,应根据具体情况进行调整,即按可能性原则分配误差,对于测量中难以保证的误差项适当扩大允许的误差值;反之,则可适当缩小误差项的允许值,以保证在满足总误差要求前提下对各个分误差的合理分配。

例:测一圆柱体密度,其直径 d 约 10 mm,高 h 约 50 mm,质量 m 约 30 g。若要求密度 ρ 的相对误差$\frac{u(\rho)}{\rho}\leqslant 0.5\%$,应如何选择测量仪器?

分析：圆柱体密度公式

$$\rho=\frac{4m}{\pi d^2 h}$$

由不确定度传递公式可得

$$\frac{u(\rho)}{\rho}=\sqrt{\left(\frac{2u(d)}{d}\right)^2+\left(\frac{u(h)}{h}\right)^2+\left(\frac{u(m)}{m}\right)^2}$$

按等影响原则分配误差，则令

$$\frac{2u(d)}{d}=\frac{u(h)}{h}=\frac{u(m)}{m}=\frac{u(\rho)}{\rho\sqrt{n}}\leqslant\left(\frac{0.5}{\sqrt{3}}\right)\%\approx 0.3\%$$

由此推得

$$u(h)\leqslant 0.15\ \mathrm{mm},\qquad u(d)\leqslant 0.015\ \mathrm{mm},\qquad u(m)\leqslant 0.09\ \mathrm{g}$$

则用不少于20分度的游标卡尺测高 h，用螺旋测微计测直径 d，用感量为 0.05 g 的物理天平测质量 m 可满足要求。

注意：由于诸直接测量量的测量不确定度除仪器准确度的影响外还有测量时随机误差的影响，因此，根据误差分配选择仪器时要留有一定余地。

四、测量条件的选择

在实验方法及测量仪器均选定的情况下，还应注意根据测量方法及仪器使用特点选择有利的测量条件，以最大限度地减小测量误差。

例如，根据凸透镜成像公式

$$f=\frac{uv}{u+v}$$

测凸透镜焦距时，原则上只要测出透镜成像时的像距 u 和物距 v，即可由上式测得焦距 f。但考虑到不确定度传递公式，由上式知焦距测量的不确定度

$$u_f=\frac{1}{(u+v)^2}\sqrt{u^4u_v^2+v^4u_u^2}$$

式中 u_u 和 u_v 分别是 u 和 v 的不确定度。因 u 和 v 均在同一米尺上测量，可认为它们不确定度相同，如实验中保持物和像屏距离 $D(=u+v)$ 不变，则有

$$u_f=\frac{u_v}{D^2}\sqrt{u^4+(D-u)^4}$$

求 u_f 对 u 的一阶导数，并令其为零，可推知成立条件为 $u=D/2$，而相应的二阶导数在 $u=D/2$ 处大于零，所以，取 $u=D/2$ 可使焦距测量的不确定度取最小值。从实际测量考虑，$u=D/2$ 处成像对应 D 恰为焦距的 4 倍，这一要求不便于实验操作，因此，只要取 D 略大于 4 倍焦距，即可减小焦距测量误差。

又如,对多量程电表,选择合适的量程,使读数在所选量程的 2/3 左右,可以减小测量相对误差。

另外,根据实验仪器对环境条件的要求选择适宜的测量环境也是不可忽视的。

五、数据处理及实验步骤安排

根据物理模型及物理量间函数关系特点,选择适当的数据处理方法,如图示法、逐差法、最小二乘法等,常可减小实验误差或更有利于实验进行。关于数据处理可参阅第一章内容。

实验步骤是操作者一系列实际测量工作的顺序,合理安排实验测量顺序,常可减小实验误差,提高实验效率。例如,在用流体静力称衡法测固体密度时,应先测干燥固体的质量,再测浸入水中后的视重,如调换上述顺序,则因固体附着水影响质量测量准确性,而如采取干燥措施则降低了实验效率。

六、实验设计示例

实验任务:

测定金属材料的杨氏模量。

精度要求:

测量结果的相对不确定度不超过 5%。

实验方案设计:

1. 实验模型与测量方法选择

经查阅资料知杨氏模量的测量方法有多种,常用的有拉伸法、梁弯曲法、共振法、超声法等。经比较分析并考虑到实验条件,决定选择拉伸法。该方法所需实验仪器设备简单且易于操作。

拉伸法通过测量该材料的金属丝在一定外力作用下的长度增量即伸长来确定杨氏模量 E,其理论公式为

$$E=\frac{F/S}{\Delta L/L}=\frac{4FL}{\pi D^2\Delta L} \tag{4.3.6}$$

式中,F 为外力,D 为金属丝直径,ΔL 为伸长,L 为金属丝原长。利用式(4.3.6)测量 E,其关键是测准微小伸长 ΔL。考虑到 ΔL 不能直接由长度测量工具测量,为简便,决定利用光杠杆法放大微小伸长。拉伸法测金属丝杨氏模量实验装置如图 4.3.2 所示,待测金属丝上端夹紧固定于支架横梁,其下端用可上下移动的圆柱形夹子夹紧,光杠杆 M 两前脚置于固定平台 A 上,而后脚放在圆柱形夹子上,当加上砝码 P 使金属丝伸长时,光杠杆后脚随圆柱形夹子一道下移而导致平面镜转动微

小角度,利用望远镜镜尺系统可观察到金属丝伸长导致的读数变化。

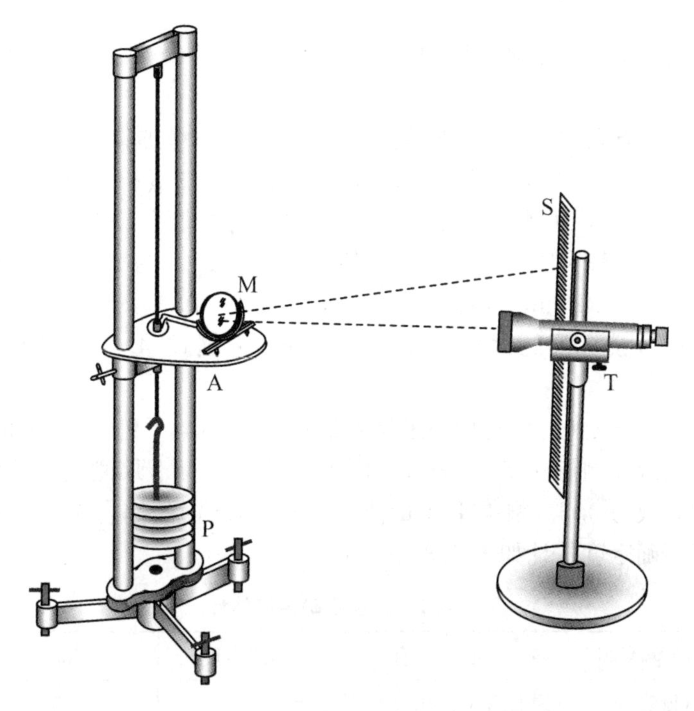

图 4.3.2 拉伸法测杨氏模量实验装置示意图

因在弹性限度内金属丝的伸长与外力成线性关系,为减小实验误差,测量时可逐次增加等质量的砝码,测得若干组(F_i,L_i)数据,则可利用逐差法或最小二乘法处理数据。

设望远镜标尺 S 至光杠杆镜面距离为 d_1,光杠杆后足尖到两前足连线距离为 d_2,加外力 $F=mg$ 后,望远镜 T 中观察到标尺的读数差为 Δn,由光杠杆放大原理(参见第三章实验六)式(4.3.6)可化为下述测量公式

$$E=\frac{8mgLd_1}{\pi D^2 d_2 \Delta n} \tag{4.3.7}$$

2. 测量仪器的选择

对测量仪器的选择应考虑误差分配。由式(4.3.7)可导得 E 的测量相对不确定度

$$\frac{u(E)}{E}=\sqrt{\delta_r^2 m+\delta_r^2 d_1+\delta_r^2 d_2+\delta_r^2 L+4\delta_r^2 D+\delta_r^2 \Delta n} \tag{4.3.8}$$

其中,$\delta_r m$ 表示 m 的相对不确定度,其他 δ_r 符号含义均等同。按诸误差项均分原则,应有

$$\delta_r \leqslant \frac{6\%}{\sqrt{6}} \approx 2.4\% \tag{4.3.9}$$

故取各直接测量量相对不确定度约 2%,其中 $\delta_r D$ 约 1%。因此可按这一要求选择测量仪器。

设待测金属丝是钢丝,由于钢丝弹性应变很小,为增加伸长量,宜选用长而细的钢丝并施加较大拉力,但考虑到弹性限度的限制,根据资料其所受最大拉应力应小于 2×10^8 Pa。设取 D 约 0.8×10^{-3} m,则可承受的最大拉力为 100 N。初步估计 E 的量值约 2×10^{11} Pa,以拉力 50 N 估算,应变 $\Delta L/L$ 约 0.5%。如采用 1 m 长的钢丝,其伸长约 0.5 mm,对光杠杆,可取 d_1 约 2 m,而 d_2 约 0.08 m,其放大倍数约 50 倍,则望远镜标尺的读数差 Δn 约 25 mm,根据式(4.3.9)望远镜标尺可用米尺。

L 和 d_1 量值相对较大,直接用米尺测量可满足式(4.3.9)要求;D 的量值较小,需选用螺旋测微计测量;d_2 约 8 cm,可用 50 分度的游标卡尺测量。拉伸钢丝的砝码取准确度等级为 0.5。根据上述量值估算及仪器选择,综合考虑可得诸直接测量量的测量不确定度估计如表 4.3.1 所示。

表 4.1 测量不确定度估计

测量量	量　值	δ(不确定度)	δ_r
m(kg)	1.000	0.005	0.5%
L(m)	1.000	0.005	0.5%
d_1(m)	2.00	0.005	0.25%
$D(\times10^{-3}$m)	0.80	0.01	1.2%
$d_2(\times10^{-3}$m)	80.0	0.1	0.2%
$\Delta n(\times10^{-3}$m)	25	0.5	2%

由表 4.3.1 可见,表中仅 $\delta_r D>1\%$,略超过平均分配的误差。但将表中各不确定度代入式(4.3.8)验算,E 的合成不确定度小于 3.5%,已满足设计要求。

3. 测量条件的选择

被测钢丝有一定程度的挠屈,因此,测量时应预先加上适量的本底砝码把钢丝拉直,并保持钢丝在伸直状态下进行测量。

为消除钢丝弹性滞后效应及夹钢丝的卡头与放置光杠杆镜架的固定平台间可能摩擦引起的系统误差,测量时采取先逐个增加砝码测量,再逐个减少砝码测量,同一外力下的伸长取两种情况测量的平均。

为减小钢丝直径不均匀度的影响,测量直径应在不同部位、不同方位测量多次取平均。

为保证光杠杆测微小伸长的准确性，测量时应调节望远镜轴线与光杠杆小镜等高，且应调节光杠杆镜面与望远镜旁标尺面均呈竖直状态。

此外，实验前调节杨氏模量仪的底脚螺丝，使其立柱竖直，以及望远镜仔细调节以能清晰读数等均是必要的测量条件。

4. 数据处理与实验步骤安排

考虑到测量公式(4.3.7)可表达为

$$\Delta n = Kmg$$

式中 $K=8Ld_1/\pi D^2 d_2 E$，数据处理可以采用逐差法或最小二乘法，利用求出的直线斜率 K 确定 E 的值。

基于前述各方面的设计考虑，可拟定下述实验步骤：

① 仪器调节：调节杨氏模量仪，使其立柱竖直，加本底砝码把钢丝拉直；调节光杠杆与望远镜镜尺系统，使光杠杆镜面与望远镜旁标尺面均呈竖直状态；调节望远镜至能清晰读数。

② 逐个增加等质量(如 1 kg)砝码并依次记录望远镜中读数，再逐个减少砝码并依次记录读数。

③ 测量光杠杆镜面至望远镜标尺距离。

④ 测量光杠杆后足尖到两前足连线距离。

⑤ 测量金属丝直径。

读者请思考上述测量顺序是否合理，能否改变？

完成上述实验方案设计并准备好所需仪器设备后，即可进行实验测量，记录所需测量数据。数据分析时，根据诸测量数据及测量过程、测量仪器和方法等方面的误差因素，先计算诸直接测量量的不确定度。不确定度计算一般均应考虑A、B两类分量，对于影响很小的因素通常可忽略。但应注意对测量过程或方法限制因素(B类分量)的误差应有充分估计。例如，本实验中用钢卷尺测量钢丝长度 L 及镜尺距离 d_1，虽说它准确到毫米，但考虑到钢卷尺测量时的曲度因素，其不确定度可取至 5 mm。求出各直接测量量的不确定度后，则可由式(4.3.8)计算相对不确定度，检验其是否满足实验精度要求，如不满足，则应重新审视、分析实验各环节，确定可能的原因，拟定可行的改进方法，再重新实验实践，直至圆满完成实验任务。

第四节 设计性实验

设计性实验一 密度测量及其拓展

【实验目的】

熟练掌握密度测量基本方法及其拓展应用。

【实验要求】

① 在下述A、B两组测量任务中,至少各选一项测量任务,完成实验方案设计,给出测出结果并作不确定度分析。

A组:

Ⅰ. 测石蜡的密度,要求测量不确定度小于1%;

Ⅱ. 测给定金属颗粒的密度,要求测量不确定度小于1%。

B组:

Ⅰ. 测内径约3 mm的一团空心塑管的长度,不得展开或截断这团塑管,但另提供塑管样品测量直径,要求测量不确定度小于1%;

Ⅱ. 测电炉丝的电阻率,要求测量不确定度小于3%。

② 提交其余测量任务的测量方法设计。

【仪器与用具】

可供选择的仪器有:物理天平,比重瓶,金属块,读数显微镜,螺旋测微器,电桥,烧杯,细线,待测样品等。

【实验提示】

① 可利用的密度测量基本方法有流体静力称衡法和比重瓶法。

② 可利用流体静力称衡法测量空心塑管的密度,再设法确定塑管的长度。注意考虑塑管内径及空心体积的测量处理。

③ 弯曲电炉丝不可拉直,设法测出其长度及截面积和电阻后可求出电阻率。

设计性实验二　重力加速度测量

重力加速度是一个重要的地球物理常数，准确测定它的量值，在理论和应用等方面都有极其重大的意义。测量重力加速度有多种方法，对各种方法的分析和研究对实验能力的训练与提高十分有益。

【实验目的】

① 测量重力加速度，探索提高测量精确度、减小测量误差的途径。

② 对测定重力加速度的多种方法作较深入的分析与研究。

【实验要求】

测量重力加速度有多种方法，如单摆法、自由落体法、气垫导轨法……

要求：① 任选两种实验方法，测定当地的重力加速度，且至少有一种方法的相对误差小于 0.5%；② 对所选两种方法作分析比较，指出它们的优缺点，及如何设法减小测量误差。

【仪器与用具】

（供参考）

单摆，自由落体仪，气垫导轨，多用数字测试仪，物理天平，秒表，米尺，游标卡尺等。

【实验提示】

① 用单摆测量重力加速度，应考虑如何根据测量精度要求选择合适的理论模型以及如何利用误差分配选择恰当的测量方法。

② 自由落体运动联系重力加速度 g 的关系式很多，如读者所熟知的。

$$h=\frac{1}{2}gt^2,\qquad s=v_0t+\frac{1}{2}gt^2,\qquad s=\frac{v_2^2-v_1^2}{2g}$$

等。用自由落体法测量重力加速度时，应考虑如何根据上述关系构造合适的测量公式以及落体测量点的位置如何恰当设置等。

③ 用气垫导轨测定重力加速度时，应考虑滑块运动阻力的影响。

设导轨倾斜角为 θ，滑块质量为 m，则滑块沿导轨滑下的动力学方程为：

$$ma=mg\sin\theta-F_R \tag{4.4.1}$$

式中，F_R 为滑块运动时所受空气阻力，其量值与速度 v 成正比，即

$$F_R=bv$$

式中的比例系数 b 称黏性阻尼常量。可根据式(4.4.1)设计重力加速度测量公式。

设计性实验三　简谐振动的研究

自然界中存在各种振动现象,最基本最简单的振动是简谐振动,一切复杂的振动都可以分解为若干个简谐振动。因此,简谐振动的研究是其他复杂振动的研究基础。本实验对弹簧振子简谐振动规律进行观察和研究。

【实验目的】

研究弹簧振子周期 T 与振子质量 m 的关系,证明理论公式成立,并求出弹簧的有效质量与劲度系数。

【实验要求】

① 可选择焦利秤或气垫导轨研究弹簧振子的简谐振动规律,设计证明理论公式成立的实验方案,并根据测量数据采用适当数据处理方法求出弹簧的有效质量与劲度系数。

② 采用焦利秤时,要求分别确定两不同形状(柱形和锥形)弹簧的有效质量与劲度系数。

③ 采用气垫导轨时,要求研究导轨是否水平对周期有无影响。

【仪器与用具】

焦利秤,气垫导轨,多用数字测试仪,物理天平,秒表,弹簧等。

【实验提示】

弹簧振子简谐振动周期的理论公式为

$$T = 2\pi\sqrt{\frac{m+m_0}{k}} \tag{4.4.2}$$

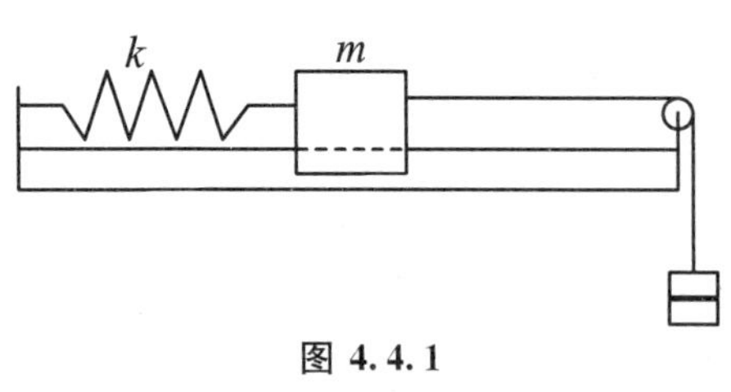

图 4.4.1

式中,k 是弹簧的劲度系数,m 是弹簧振子的质量,m_0 是弹簧的有效质量。弹簧的有效质量与其自身质量 m_S 关系可表为 $m_0 = cm_S$,c 是与弹簧形状有关的常数。弹簧振子可竖直悬挂于焦利秤上,也可如图 4.4.1 所示置于水平气垫导轨上。

图 4.4.2 是气垫导轨上劲度系数分别为 k_1、k_2 的两弹簧组成的振动系统,该系

统简谐振动周期的理论公式为

$$T = 2\pi\sqrt{\frac{m+m_0}{k_1+k_2}} \tag{4.4.3}$$

式中，m 是滑块质量，m_0 是弹簧的有效质量。

注意：严禁用手直接拉伸弹簧或使弹簧受到较大外力，避免弹簧超过弹性限度而损坏！

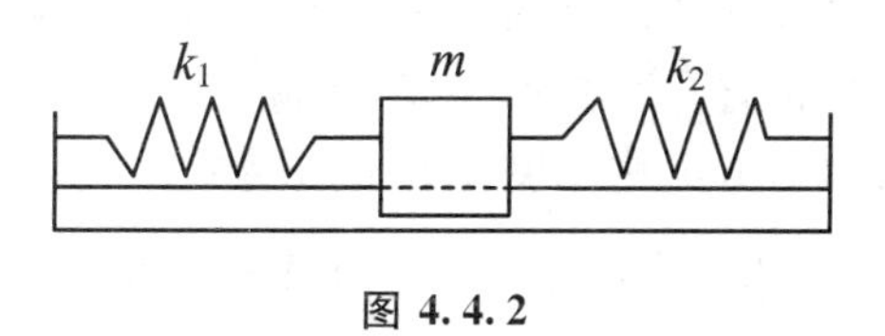

图 4.4.2

设计性实验四　液体黏度测量

黏度也称黏滞系数，它是液体的重要物性参数之一。黏度反映液体流动行为的物理特性，其量值与液体的种类、温度和流速有关。黏度的测量研究在工程技术上有着广泛的应用价值。液体的黏度有多种测量方法，常用的测量方法有落球法、旋转圆筒法、毛细管法和扭摆法等。

【实验目的】

① 设计用落球法测量液体的黏度。

② 弄清测量主要误差因素及相关处理措施。

【实验要求】

自行设计实验方案，要包括测量公式推导、实验步骤安排、数据记录与处理、实验结果计算及不确定度分析等。

【仪器与用具】

圆柱形玻璃筒，小钢球（不同半径），蓖麻油（待测液体），天平，游标卡尺，读数显微镜（或螺旋测微器），停表，镊子，比重计，温度计等。

【实验提示】

根据斯托克斯定律，半径为 r 的小球以速度 v 在无限宽广的均匀液体内作无旋运动时，小球所受的黏滞阻力为

$$f = 6\pi\eta r v \tag{4.4.4}$$

考虑到在液体内自由下落的小球受到重力、浮力和黏滞力 f 三个力作用，小球下落一段距离后将以速度 v_T(也称收尾速度)作匀速运动，由此可导得黏度测量公式

$$\eta=\frac{2r^2(\rho-\rho_0)g}{9v_T} \tag{4.4.5}$$

式中 ρ 和 ρ_0 分别为小球和待测液体密度。

由于式(4.4.5)只适用于小球在无限宽广的液体内运动且为无涡流的理想状态，而实验中小球在有限液体(容器内)运动，不满足无限宽广条件，也非理想运动状态，根据流体力学，式(4.4.5)中速度 v_T 应修正为：

$$v_T=v_0(1+2.4\frac{d}{D})(1+3.3\frac{r}{H})(1+\frac{3}{16}Re-\frac{19}{1080}Re^2) \tag{4.4.6}$$

式中 v_0 为实际测得的收尾速度，d 是小球直径，D 为容器内直径，H 为液体深度，雷诺数 Re 定义为

$$Re=\frac{\rho_0 v_0 d}{\eta} \tag{4.4.7}$$

【思考题】

① 给出小球动力学方程并导出黏度测量公式(4.4.5)。

② 试证明，由小球动力学方程可导得小球从静止下落到开始以 v_T 作匀速运动时通过的距离为

$$s=m\left(\frac{v_T}{a}-\frac{b}{a^2}\ln\frac{av_T+b}{b}\right)$$

其中，$a=-6\pi\eta r$，$b=4/3\pi r^3(\rho-\rho_0)g$，$m$ 是小球质量。

③ 根据上题给出的关系式和实验有关数据分析实验中所用小球是否合适？你认为本实验中小球最佳选择应怎样，为什么？

设计性实验五　非线性电阻伏安特性曲线的测绘

电阻元件通常分为线性电阻和非线性电阻。线性电阻的阻值不随加在其两端的电压变化而变化，而非线性电阻的阻值则随加在其两端的电压变化而变化。反映通过电阻元件的电流与其两端电压间关系的曲线称为伏安特性曲线，伏安特性曲线成直线的为线性电阻元件，如碳膜电阻、金属膜电阻等，伏安特性曲线为曲线的为非线性电阻元件，如半导体二极管、小灯泡等。

【实验目的】

测绘二极管的伏安特性曲线。

【实验要求】

① 采用适当的伏安法测量电路(内接法、外接法),测量二极管的正、反向伏安特性。

② 设计一种测量方法,消除伏安法测量时电表内阻导致的系统误差,并比较测量结果。

③ (选做)用示波器观测二极管的伏安特性曲线。

【仪器与用具】

稳压电源,电流表,电压表,滑线变阻器,电阻箱,示波器,待测二极管等。

【实验提示】

① 二极管正、反向电阻变化很大,正向导通电流为毫安级,反向导通电流为微安级,考虑到电流表、电压表均有内阻,在电路设计上应根据正向、反向电流的差别选择是采用内接法还是外接法。

② 要了解所测二极管相关参数,测量时不能超出二极管的正向最大电流和最大反向工作电压,以免管子受损。

③ 测量时电压不要等间隔取点,在电流变化缓慢的区域,间隔可大些,在电流变化较快的区域,间隔则宜小些,以多记录一些数据,有利于较准确地绘制伏安特性曲线。

④ 为消除伏安法测量时电表内阻导致的系统误差,可设计伏安法与补偿法结合的测量方案。

⑤ 用示波器观测二极管的伏安特性曲线的方法请自行查阅相关文献资料。

设计性实验六　电表内阻测量方法研究

【实验目的】

测量给定表头的内阻。

【实验要求】

① 综述测量表头内阻的各种方案,简述实验原理,画出测量电路图,给出测量公式。

② 至少选择三种测量方法,拟定实验步骤,给出测量结果及不确定度估计。

③ 分析比较所用测量方法,说明哪种方法测量更准确。

【仪器与用具】

根据所选择方法,自行提出实验仪器。

【实验提示】

① 表头内阻测量方法很多,常用的有半偏法、替代法、伏安法、电压比较法、电桥法、电势差计法等。建议选择完全不同的测量方法进行测量。

② 电源电路宜采用分压电路,且必须注意保证表头电流不过载。

③ 分析比较所用测量方法时要注意考虑灵敏度对测量精度的影响。

设计性实验七　色散曲线的测定

透明材料的折射率与入射光波长有关,通常,折射率随波长的减小而增大。折射率 n 随波长 λ 而变的现象称为色散,描述 $n \sim \lambda$ 关系的曲线称色散曲线。

【实验目的】

利用分光计测定透明材料的色散曲线。

【实验要求】

① 利用分光计测定三棱镜的色散曲线,要求各单色光(不少于 4 条)重复测量 3 次以上。

② 利用色散曲线求钠光谱的波长。

③ 对各单色光的折射率测量不确定度作出估计,并对钠光谱的波长测量不确定度作出估计。

【仪器与用具】

分光计,平面镜,三棱镜,汞灯,钠灯。

【实验提示】

① 利用分光计测出各单色光经三棱镜折射的最小偏向角,根据折射率和最小偏向角关系(棱镜顶角应先测出)可算出折射率,而相应入射光波长可查附录表 F1.7。

② 测出钠灯的最小偏向角,利用所作色散曲线插值求出钠光谱的波长。

设计性实验八 望远镜与显微镜的组装

望远镜与显微镜是常用的助视光学仪器。望远镜有助人们清晰观察远处物体,而显微镜则有助人们看清近处微小物体,它们在科学技术众多领域应用极其广泛。通过学习望远镜与显微镜的组装,有利于熟悉它们的构造和放大原理,掌握它们的调节使用方法。

【实验目的】

① 设计并组装望远镜与显微镜。
② 测定望远镜与显微镜的放大率。

【实验要求】

① 选择合适的凸透镜组装望远镜,并测其放大率。
② 选择合适的凸透镜组装显微镜,并测其放大率。

【仪器与用具】

凸透镜若干,光具座,光源,光屏,标尺等。

【实验提示】

最简单的望远镜由两块凸透镜组成,物镜 L_O 的焦距 f_O 较长,目镜 L_E 的焦距 f_E 较短。远处物体经 L_O 在 L_E 的前焦平面内侧成一缩小的像,此像再经 L_E 成放大的虚像。望远镜的放大作用由视角放大率表述,视角放大率定义为像对眼睛的张角和不用望远镜时远处物体对眼睛张角之比,当望远镜物镜后焦点与目镜前焦点重合时,对远处物体的视角放大率 γ 为:

$$\gamma = \frac{f_O}{f_E} \tag{4.4.8}$$

最简单的显微镜也由两块凸透镜组成,与望远镜相反,显微镜的物镜焦距大于目镜焦距,但它的物镜和目镜焦距都较短。被观察物体置于目镜 L_O 焦点外少许,经 L_O 在 L_E 的前焦平面内侧成一放大的实像,此中间像再经 L_E 成放大的虚像。显微镜的放大率定义为所观察到的像长与物长之比,可表示为

$$\beta = \frac{\mathrm{d}\Delta}{f_O f_E} \tag{4.4.9}$$

式中,d 为明视距离,常取 25 cm;Δ 是物镜后焦点与目镜前焦点间距离,称光学间隔,常取 16 cm。

附录一　常用物理数据表

表 F1.1　部分固体和液体的密度

物　质	密度($\times 10^3$ kg/m^3)	物　　质	密度($\times 10^3$ kg/m^3)
铝	2.70	不锈钢	7.91
铜	8.933	玻璃(普通)	2.4～2.6
铁	7.86	花岗岩	2.6～2.7
金	19.3	大理石	1.52～2.86
银	10.492	橡胶	0.91～0.96
锡	7.29	冰(0℃)	0.917
铅	11.342	纸	0.7～1.1
镍	8.85	软木	0.22～0.26
黄铜	8.5～8.7	煤	0.2～1.7
钴	8.71	聚乙烯	0.90
锌	7.12		

表 F1.2　水的密度(g・cm^{-3})

温度(℃)	0	1	2	3	4	5	6	7	8	9
0	0.999 87	0.999 90	0.999 94	0.999 96	0.999 97	0.999 96	0.999 94	0.999 91	0.999 88	0.999 81
10	0.999 73	0.999 63	0.999 56	0.999 40	0.999 27	0.999 13	0.998 97	0.998 80	0.998 62	0.998 43
20	0.998 23	0.998 02	0.997 80	0.997 57	0.997 33	0.997 06	0.996 81	0.996 54	0.996 26	0.995 97
30	0.995 68	0.995 37	0.995 05	0.994 73	0.994 40	0.994 06	0.663 71	0.993 36	0.992 99	0.992 62
40	0.992 2	0.991 9	0.991 5	0.991 1	0.990 7	0.990 2	0.989 8	0.989 4	0.989 0	0.988 5
50	0.988 1	0.987 6	0.987 2	0.986 7	0.986 2	0.985 7	0.985 3	0.984 8	0.984 3	0.983 8
60	0.983 2	0.982 7	0.982 2	0.981 7	0.981 1	0.980 6	0.980 1	0.979 5	0.978 9	0.978 4
70	0.997 8	0.977 2	0.976 7	0.976 1	0.975 5	0.974 9	0.974 3	0.973 7	0.973 1	0.972 5
80	0.971 8	0.971 2	0.970 6	0.969 9	0.969 3	0.968 7	0.968 0	0.967 3	0.966 7	0.966 0
90	0.965 3	0.964 7	0.964 0	0.963 3	0.962 6	0.961 9	0.961 2	0.960 5	0.959 8	0.959 1
100	0.958 4	0.957 7	0.956 9							

表 F1.3　部分液体的黏度

液　体	温度(℃)	$\eta(\times10^{-3}\,Pa\cdot s)$	液　体	温度(℃)	$\eta(\times10^{-3}\,Pa\cdot s)$
酒精	0	1.773	甘油	0	12 110
	10	1.466		6	6 260
	20	1.200		15	2 330
	30	1.003		20	1 490
	40	0.834		25	954
	50	0.702		30	629
水银	−20	1.855	蓖麻油	10	2 420
	0	1.685		20	986
	20	1.554		30	451
	100	1.224		40	231
水	0	1.788	蜂蜜	20	6 501
	20	1.004		80	1 001
	100	0.2825			

表 F1.4　物质的比热容

元　素	温度(℃)	比热容 $(\times10^2\,J\cdot kg^{-1}\cdot ℃^{-1})$	物　质	温度(℃)	比热容 $(\times10^2\,J\cdot kg^{-1}\cdot ℃^{-1})$
Al	25	9.04	水	25	41.73
Ag	25	2.37	乙醇	25	24.19
Au	25	1.28	石英玻璃	20～100	7.87
C(石墨)	25	7.07	黄铜	0	3.70
Cu	25	3.850	康铜	18	4.09
Fe	25	4.48	石棉	0～100	7.95
Ni	25	4.39	玻璃	20	5.9～9.2
Pb	25	1.28	云母	20	4.2
Pt	25	1.363	橡胶	15～100	11.3～20
Si	25	7.125	石蜡	0～20	29.1
Sn(白)	25	2.22	木材	20	约 12.5
Zn	25	3.89	陶瓷	20～200	7.1～8.8

表 F1.5 部分固体的线膨胀系数

固体材料	温　　度(℃)	$\alpha(\times 10^{-6}K^{-1})$
铝	20	23.0
铜	20	16.7
铁	20	11.8
金	20	14.2
银	20	19.0
锡	20	21
铅	20	28.7
镍	20	12.8
黄铜	20	18～19
钢(0.05%碳)	0～100	12.0
不锈钢	20～100	16.0
玻璃	0～300	8～10
花岗岩	20	8.3
橡胶	16.7～25.3	77
冰	0	52.7

表 F1.6 水同空气接触面的表面张力系数

温 度(℃)	表面张力系数($\times 10^{-3}$N/m)	温 度(℃)	表面张力系数($\times 10^{-3}$N/m)
0	75.62	19	72.89
5	74.90	20	72.75
6	74.76	22	72.44
8	74.48	24	72.12
10	74.20	25	71.96
11	74.07	30	71.15
12	73.92	40	69.55
13	73.78	50	67.90
14	73.64	60	66.17
15	73.48	70	64.41
16	73.34	80	62.60
17	73.20	90	60.74
18	73.05	100	58.84

表 F1.7 常用光源的谱线波长

（单位：nm）

一、H	447.13 蓝	589.995(D1)黄
656.28 红	402.62 蓝紫	588.995(D2)黄
486.13 绿蓝	388.87 蓝紫	五、He-Ne 激光
434.05 蓝	三、Ne	632.8 橙
410.17 蓝紫	650.65 红	六、Hg
397.01 蓝紫	640.23 橙	623.44 橙
二、He	638.30 橙	579.07 黄
706.52 红	626.65 橙	576.96 黄
667.82 红	621.73 橙	546.07 绿
587.56(D3)黄	614.31 橙	491.60 绿蓝
501.51 绿	588.91 黄	435.83 蓝
492.19 绿蓝	585.25 黄	407.78 蓝紫
471.31 蓝	四、Na	404.66 蓝

表 F1.8 我国部分城市的重力加速度

城 市	纬 度(北)	$g(m\cdot s^{-2})$	城 市	纬 度(北)	$g(m\cdot s^{-2})$
北京	39°56′	9.801 22	武汉	30°33′	9.793 59
张家口	40°48′	9.799 85	安庆	30°31′	9.793 57
天津	39°09′	9.800 94	黄山	30°18′	9.793 48
太原	37°47′	9.796 84	杭州	30°16′	9.793 00
济南	36°41′	9.798 58	重庆	29°34′	9.791 52
郑州	34°45′	9.796 65	南昌	28°40′	9.792 08
徐州	34°18′	9.796 64	长沙	28°12′	9.791 63
西安	34°16′	9.796 90	福州	26°06′	9.791 44
南京	32°04′	9.794 42	厦门	24°27′	9.789 17
合肥	31°52′	9.794 73	广州	23°06′	9.788 31
上海	31°12′	9.794 36	南宁	22°48′	9.787 93
宜昌	30°42′	9.793 12	香港	22°18′	9.787 69

注：其他地区重力加速度可用下式计算(式中，φ 为纬度)。

$$g = 9.780\,327(1 + 0.005\,302\,4\sin^2\varphi - 0.000\,005\,8\sin^2 2\varphi)\ m\cdot s^{-2}$$

附录二　国际单位制

表 F2.1　国际单位制的基本单位和辅助单位

量的名称	单位名称	单位符号	量的名称	单位名称	单位符号
一、基本单位			物质的量	摩[尔]	mol
长度	米	m	发光强度	坎[德拉]	cd
质量	千克(公斤)	kg			
时间	秒	s	二、辅助单位		
电流	安[培]	A	平面角	弧度	rad
热力学温度	开[尔文]	K	立体角	球面度	sr

表 F2.2　国际单位制中具有专门名称的部分导出单位

量的名称	单位名称	单位符号	其他表示式
频率	赫[兹]	Hz	s^{-1}
力、重力	牛[顿]	N	$kg \cdot m \cdot s^{-2}$
压强(压力)、应力	帕[斯卡]	Pa	$N \cdot m^{-2}$
能量、功、热	焦[耳]	J	$N \cdot m$
功率、幅射通量	瓦[特]	W	$J \cdot s^{-1}$
电荷量	库[仑]	C	$A \cdot s$
电势、电压、电动势	伏[特]	V	$W \cdot A^{-1}$
电容	法[拉]	F	$C \cdot V^{-1}$
电阻	欧[姆]	Ω	$V \cdot A^{-1}$
电导	西[门子]	S	$A \cdot V^{-1}$
磁通量	韦[伯]	Wb	$V \cdot s$
磁通量密度、磁感应强度	特[斯拉]	T	$Wb \cdot m^{-2}$
电感	亨[利]	H	$Wb \cdot A^{-1}$
摄氏温度	摄氏度	℃	
光通量	流[明]	Lm	$cd \cdot r$
光照度	勒[克斯]	Lx	$Lm \cdot m^{-2}$

参 考 文 献

[1] 杨述武. 普通物理实验[M]. 3版. 北京:高等教育出版社, 2000.
[2] 成正维. 大学物理实验[M]. 北京:高等教育出版社, 2006.
[3] 吴泳华,等. 大学物理实验.第一册[M]. 北京:高等教育出版社, 2001.
[4] 谢行恕,等. 大学物理实验.第二册[M]. 北京:高等教育出版社, 2001.
[5] 张志东,等. 大学物理实验[M]. 2版. 北京:科学出版社, 2007.
[6] 李学慧,等. 大学物理实验[M]. 北京:高等教育出版社, 2005.
[7] 钱锋,潘人培. 大学物理实验[M]. 修订版. 北京:高等教育出版社, 2005.
[8] 李相银,等. 大学物理实验[M]. 北京:高等教育出版社, 2004.
[9] 贾玉润,等. 大学物理实验[M]. 上海:复旦大学出版社, 1987.
[10] 吕斯骅,等. 新编基础物理实验[M]. 北京:高等教育出版社, 2006.
[11] 张兆奎,等. 大学物理实验[M]. 2版. 北京:高等教育出版社, 2001.
[12] 国家质量技术监督局. JJG1071-2000:测量不确定度评定与表示[S]. 2001.
[13] 刘映栋. 大学物理实验教程[M]. 南京:东南大学出版社,1998.
[14] 陈守川. 大学物理实验教程[M]. 杭州:浙江大学出版社,1995.
[15] 赵守凤. 大学物理实验[M]. 北京:科学出版社,1995.
[16] 徐建强.大学物理实验[M]. 北京:科学出版社,2006.